高等院校“十三五”应用型艺术设计教育系列规划教材

总主编　罗高生

书籍装帧设计

主　编　马　莉　农琳琳　杨军侠　王　琼

副主编　梁　晔　黄　锐　刘浩然　申惠敏

王　琳　杨鹏广　刘在斌　曹佳欣

图书在版编目（CIP）数据

书籍装帧设计/马莉等主编. —合肥：合肥工业大学出版社，2017.6
ISBN 978-7-5650-3447-3

Ⅰ. ①书… Ⅱ. ①马… Ⅲ. ①书籍装帧—设计 Ⅳ. ①TS881

中国版本图书馆CIP数据核字（2017）第164524号

书籍装帧设计

主编 马 莉 农琳琳 杨军侠 王 琼 责任编辑 王 磊

出 版	合肥工业大学出版社	版 次	2017年6月第1版
地 址	合肥市屯溪路193号	印 次	2017年9月第1次印刷
邮 编	230009	开 本	889毫米×1194毫米 1/16
电 话	艺术编辑部：0551-62903120	印 张	10.75
	市场营销部：0551-62903198	字 数	320千字
网 址	www.hfutpress.com.cn	印 刷	安徽联众印刷有限公司
E-mail	hfutpress@163.com	发 行	全国新华书店

ISBN 978-7-5650-3447-3 定价：58.00元

书籍是人类文明的承载物之一，从古至今，对人类文明的传播起到重要的传承作用。书籍装帧设计是综合性很强的实用艺术设计，好的书籍装帧不仅体现书籍的实用价值，还能产生附加的审美和经济价值。

书籍装帧设计是视觉传达设计专业的核心课程之一，为适应应用技术型艺术设计专业教育的发展趋势和分享书籍装帧设计课程的教学心得和教学成果，我们编写了本教材。教材的参编者们都是高校具有丰富教学理论和实践经验的老师。在广泛吸取国内外书籍设计相关著作、实例和教材成果养分的基础上，以全新的应用创新设计理念为指导，详细对书籍装帧设计的基本理论、知识和相关技能技巧进行系统介绍的同时，注重知识性、艺术性与实用性的紧密结合，突出应用技术型人才创新能力的培养。教材使用大量国内外优秀书籍设计作品图片和学生作品作为理论知识点和课题训练的图例，使教材图文并茂、易于理解，增加教材的可读性和亮点。在图例的选择上，我们关注书籍整体设计与细节效果的共同呈现，根据案例需要，尽量将书籍作品从不同侧面做多方位的展示，使读者对于相关知识点和优秀作品有更为深入的了解和视觉感受，帮助读者进行思维拓展。

本书共分为七个章节，由马莉确定全书的脉络并负责全书的统稿、审校和图例的挑选整合工作。各章节编写具体分工如下：第一章的第一、二节和第三节的第一部分的文字撰写和图示绘制主要由杨军侠负责，第三节的第二、三部分的文字撰写主要由王琼负责；第二章的第一、二节的文字撰写和图示绘制主要由杨军侠负责，第三节的文字撰写和图示绘制主要由王琼负责；第三章的文字撰写和图示绘制主要由王琼负责；第四章的文字撰写和图示绘制主要由农琳琳负责；第五到第七章的文字撰写主要由马莉负责。梁晔、黄锐、刘浩然、申惠敏、王琳、杨鹏广、刘在斌、曹佳欣等老师也协助参与了全书相应章节的编写工作。本教材在编写过程中参考了一些文献和图片资料，在此衷心感谢相关作者。感谢广西艺术学院、桂林航天工业学院和桂林电子科技大学信息科技学院选用作品的学生们。非常感谢！

由于时间仓促以及作者水平和掌握的资料、图片有限，本书有不足或不妥之处，诚挚欢迎同行和读者们批评指正。

编 者

2017.6

第一章　书籍装帧设计概述

◆ 学习要点及目标：

了解书籍装帧的概念与特点。

了解书籍装帧的功能与类型。

掌握书籍形态的历史演变。

◆ 核心概念：

书籍装帧设计的概念、书籍装帧的功能、书籍装帧设计的原则。

◆ 引导案例：书籍形态的历史演变（图1－1）

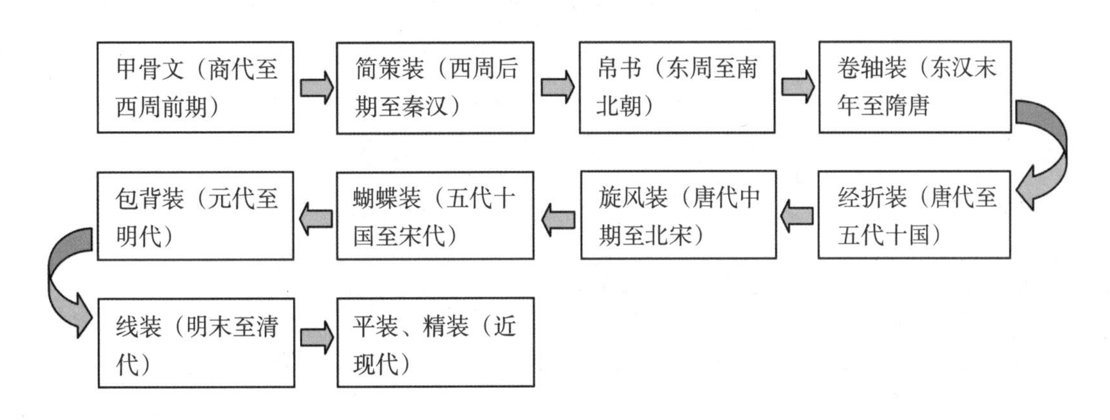

图1－1　书籍形态的历史演变图示

图书是借助文字、图形或其他信息符号记录于一定形式的材料之上的知识载体，它记载着人类的思想、情感，叙述着人类文明的历史进程，是传播信息的工具，是人类社会实践的产物。在漫长的历史进程中，书籍的形态经历了甲骨文、简策装、卷轴装、旋风装、经折装、线装等不同演变过程。

第一节 关于书籍装帧设计

书籍装帧作为书籍的重要组成部分，发挥着极其重要的作用，并具有独立的审美价值，随着社会的不断发展，书籍装帧的形式更加多样化，从而形成巍然壮观的书籍设计艺术。

一、书籍装帧设计的概念

书籍装帧设计是书籍设计者通过对书籍的结构、形态、封面、材料、印刷、装订等内容的设计来把握和反映书籍内容，以情感与想象来创作与表达书籍的基本精神和作者思想的艺术形式。传统意义上的书籍装帧的主要任务是保护书籍，其对书籍的美化也受限制于当时的伦理思想和审美标准。孙庆增在《藏书纪要》中对古代书籍设计作过这样的描述："装订书籍，不在华美饰观，而要护帙有道。款式古雅，厚薄得宜，精致端正，方为第一。古时有宋本，蝴蝶本，册本，各种订式。书面用古色纸，细绢包角。"

现代意义上的书籍装帧设计始于工业化时代，书籍在传播文明的同时，自身形成了一个造就全球性阅读空间的流通产业。书籍既是思想意识的结晶，又具有商品流通的一般功能性。设计师除要考虑书籍的开本、材料、形式、字型、印刷形式等一系列因素以外，还要考虑如何使图书畅销。书籍作为一个整体，书稿内容是最重要的文化主体，设计者应从书稿中解读作者的意图，挖掘深层含义，觅寻主体旋律，铺垫节奏起伏，用知性去设置表达全书内涵的各类要素。严谨的文字排列，准确的图像选择，有规矩的构成格式，到位的色彩配置，个性化的纸张运用，毫厘不差的制作工艺……都是书籍设计要考虑的重要因素。

吕敬人先生曾对书籍形态学做出这样的解释：书籍形态学是设计家对主体感性的萌生、悟性的理解、知性的整理、周密的计算、精心的策划、节奏的把握、工艺的运筹……一系列有条理有秩序的整体构建。形态，顾名思义：形，则为造型；态，即是神态，外形美和内在美的珠联璧合，才能产生形神兼备的艺术魅力。书籍形态的塑造，并非书籍装帧设计者的专利，它是著作者、出版者、编辑、设计者、印刷装订者共同完成的系统工程，也是书籍艺术所面临的诸如更新观念，探索从传统到现代以至未来书籍构成的外在与内在，宏观与微观，文字传达与图像传播等一系列的新课题。所以说书籍的整体效果十分重要，书籍是三次元的六面体，是立体的存在，当我们拿起书籍，手触目视心读，上下左右，前后翻转，书与人之间产生具有动感的交流，这种立体的存在更为明显。（图1－2、图1－3）

二、书籍装帧的特点

书籍装帧的特点包括书籍装帧设计的功能性和愉悦性。而这些是由书籍的形态、装订、编排方式等形式决定的。

1. 功能性

书籍装帧的功能性特点表现在书籍的认可性、可视性、可读性、便利性、保护性等方面。即书籍形态有一定的认可性，使读者易于发现主体的传达，产生情感共鸣。书籍形态有一定的可视性及可读性，为读者创造一目了然的视觉要素，便于读者阅读、检索。（图1－4）

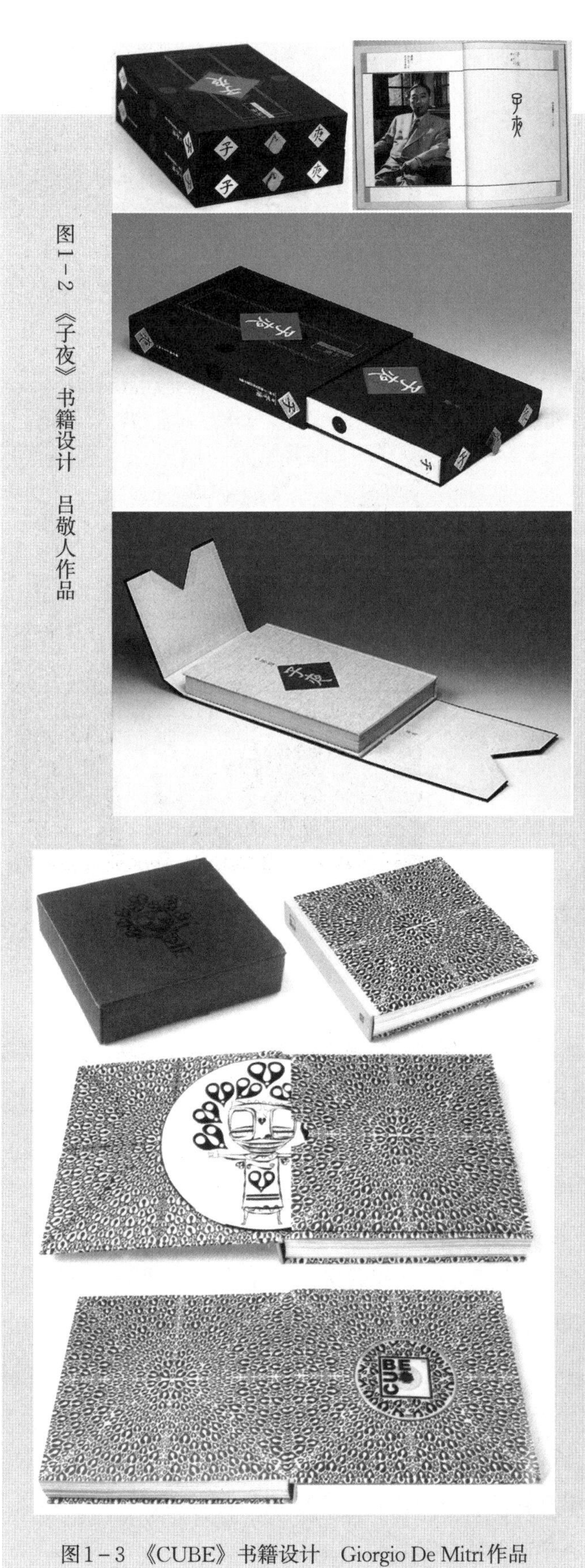

图1-2 《子夜》书籍设计　吕敬人作品

图1-3 《CUBE》书籍设计　Giorgio De Mitri作品

图1-4 《中国现代陶瓷艺术》书籍设计
吕敬人作品

2. 愉悦性

书籍装帧的愉悦性是指书籍信息给人的感官刺激传达。即书的视、听、触、闻、味五感：视觉美——来自书籍设计的吸引；触觉美——纸张的肌理、质地、翻阅的手感等；阅读美——知识的美的享受；听觉美——翻阅的声音；嗅觉美——油墨、纸张的自然气息。(图1－5)

总之，当代书籍装帧设计将是用感性和理性的思维方法构筑成完美周密的，又使读者不得不为之动心的系统工程。

图1－5 《哈瓦那护照》书籍设计
Noelia Lozano作品

第二节 书籍装帧的功能与类型

一、书籍装帧的功能

1. 保护功能

保护功能是书籍装帧的基本功能，表现在把零散的书页或纸张装订成册，使书籍坚固、美观，易于读者翻阅和保存，并使其在翻阅、运输和储存时不被损坏。

2. 传达信息功能

书籍装帧承载着书稿内容，是传达信息的载体，它以明确、艺术化的方式把书稿内容的信息传达给消费者，使消费者在较短的时间内就能够了解书籍的内容。

3. 美化功能

设计师通过对书稿独到的理解与感悟，运用富有概括性与创意性的图片、色彩、版式、文字等元素，创造出能够表现和美化书稿内涵、氛围的装帧形式，使原本抽象的文字变得生动。美化功能集中体现在书籍的形态美上：设计者以具有美感的书籍装帧形式，传递出对书籍内容的理解；通过艺术的表达方式，使读者对书籍及其内容产生美好的联想；通过渗透在书籍中的美，为读者创造温馨的阅读氛围。

4. 促进销售功能

书籍装帧是关乎书籍形象的重要因素，它具有传递商品信息、吸引顾客的作用。具有吸引力的装帧形式能够引起消费者的购买欲。书籍装帧所赋予书籍的整体形态和令人愉悦的视觉美感，无形中成了商品的附加值，“不用言语的说服者”可谓是对优秀书籍装帧的形象说明。

在竞争日趋激烈的市场条件下，如何通过提升书籍装帧的设计功能从而提高产品附加值来增强书籍的市场竞争力，是书籍出版部门所面临的一个重要课题。(图1－6)

图1－6　书店陈列的书籍

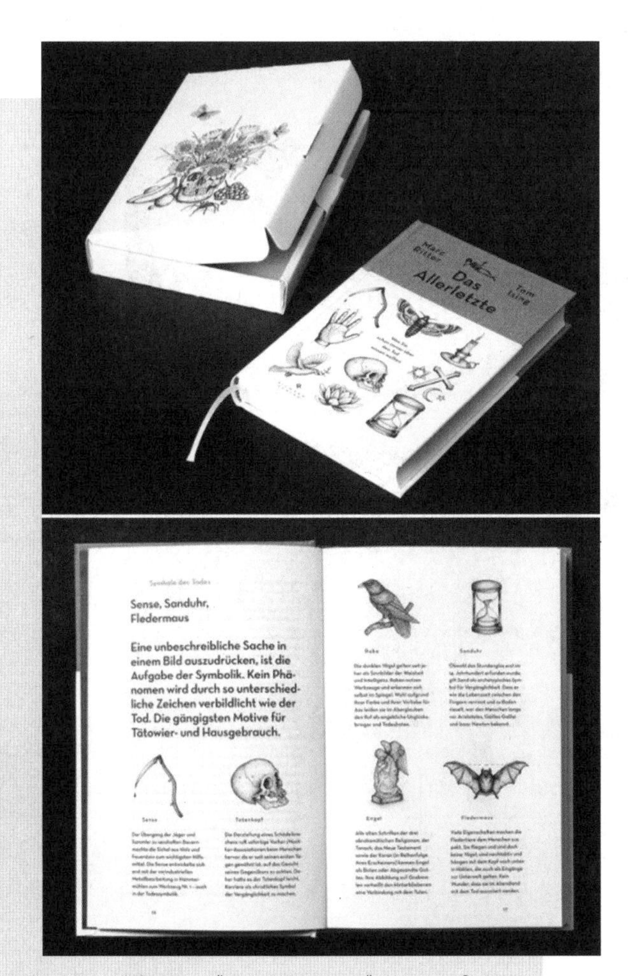

图1–7　《Das Allerletzte》2014D＆AD创意奖书籍设计类获奖作品

二、书籍装帧设计的原则

1. 功能性原则

书籍装帧设计的功能性原则是指书籍装帧的可视、可读、便利和对书籍的保护等的实用性功能。在进行书籍装帧设计时，首先是将构成书籍的文字、图片、符号等信息按照一定的节奏、层次进行编排和载录。然后是以视觉形式来体现书籍的主题思想，以书籍装帧设计特有的形式语言、设计规律，反映书稿所表现的风格流派，从外部包装到内部结构均突出信息传达的主题，达到利于读者阅读，并快速获取书籍的主体内容的效果。(图1－7)

2. 整体性原则

装帧设计的整体性原则包括两个层次的意思：从广义来说，书籍的装帧应从书籍的性质、内容出发，从书籍内容与形式是一个整体的认识出发来进行设计。从狭义来说，书籍装帧的各环节应成为一个整体，从整体观念去考虑、处理每一个环节的设计，即使是一个装饰性符号、一个页码或图序号也不能例外。这样，各要素在整体结构中焕发出了比单体符号更大的表现力，并以此构成视觉形态的连续性，诱导读者以连续流畅的视觉流动性进入阅读状态。从审美的角度分析，它包含了美学趣味的统一；形式与书籍内涵的统一；艺术与技术的统一。（图1－8）

3．独特性原则

每本书都有与其他书不同的个性。书的这种个性不仅存在于内容，也存在于形式——装帧设计。独特性原则对于装帧设计的不同环节，要求有所不同，应该具体问题具体分析，不仅要突出民族风格，还要有开拓意识，把新的设计思想和观念融合到设计中，使作品具有独特新颖的风格。（图1－9）

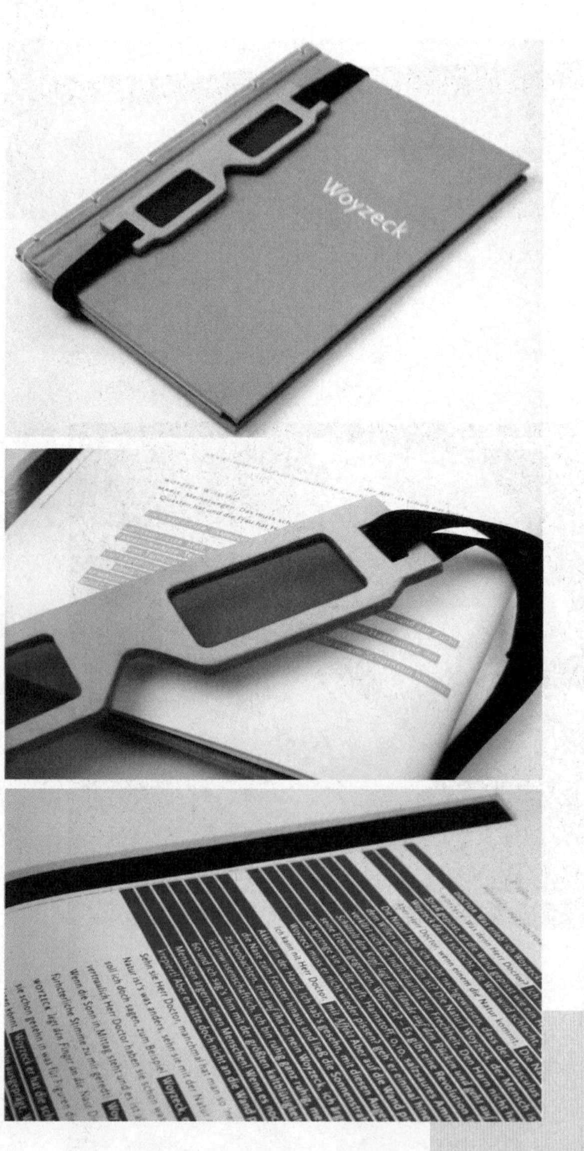

图1－8 《浮世绘》书籍设计　吕敬人作品　　图1－9 《沃伊采克：排印舞台》书籍设计　雷子彬作品

4．时代性及实验性

设计和审美意识都不是永恒不变的，设计永远应该走在时代的前列，引导大众生活，引导大众消费。现代书籍设计者不仅需要观念的更新，还需要了解和把握制作书籍的工艺流程，因为现代高科技、新材料、新工艺是创造书籍新设计的重要保证。设计者应在借鉴传统和当代设计成果的基础上，大胆地创造各种新的视觉样式，采用各类材质，运用各种手法，显示出前所未有的实验性，使书籍形态设计一直保持着创新特征，并应用特殊表现力的语言，有效地延伸和扩展设计者的艺术构思、形态创造以及审美趣味。(图1－10)

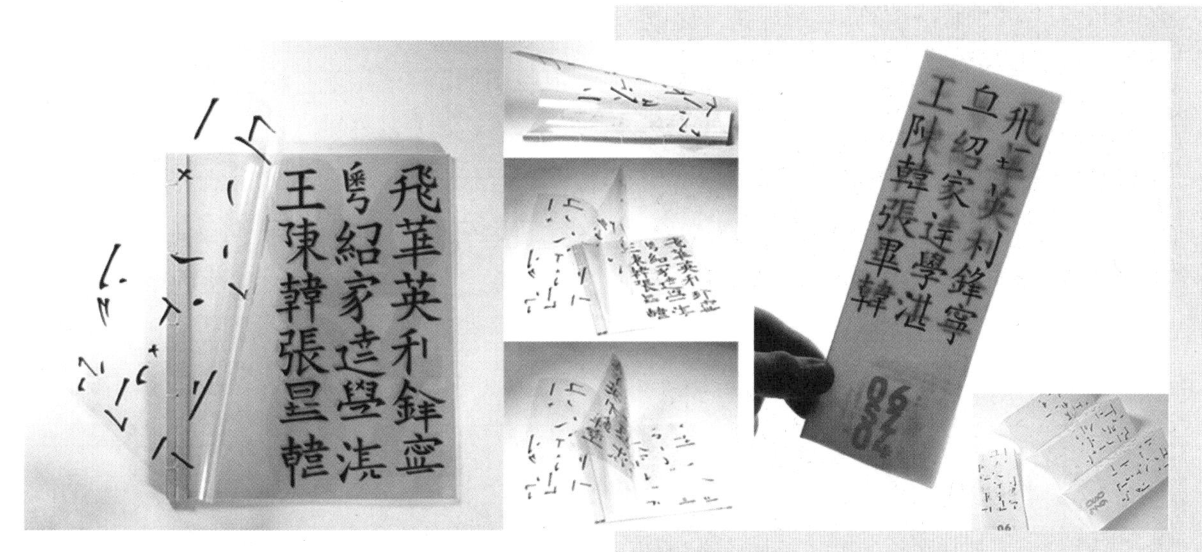

图1－10　《广东美术馆六人展》书籍及请柬设计　毕学峰作品

5. **艺术性原则**

书籍装帧设计是绘画、摄影、书法、篆刻等艺术门类的综合产物，它通过文字、图形、色彩来体现书籍设计的本体美，使读者获得知识的同时，也得到美的享受。要在书籍形态的设计中，使文字、图形等元素在和谐共生中产生超越知识信息的美感，产生秩序之美，设计师必须通过视觉创意来表现对书稿的理解，以巧妙的构思体现书稿的精神内涵，用设计之魅力使书籍更添异彩，显示出设计的艺术性及文化性，使书的设计艺术达到至高的美的境界。(图1－11)

6. **隐喻性原则**

书籍装帧设计要通过象征性图式、符号、色彩等来暗喻原著的人文气息，并以此形成书籍形态的难以言表的意味和气氛。如《现代艺术的激变》的封面设计中，设计者

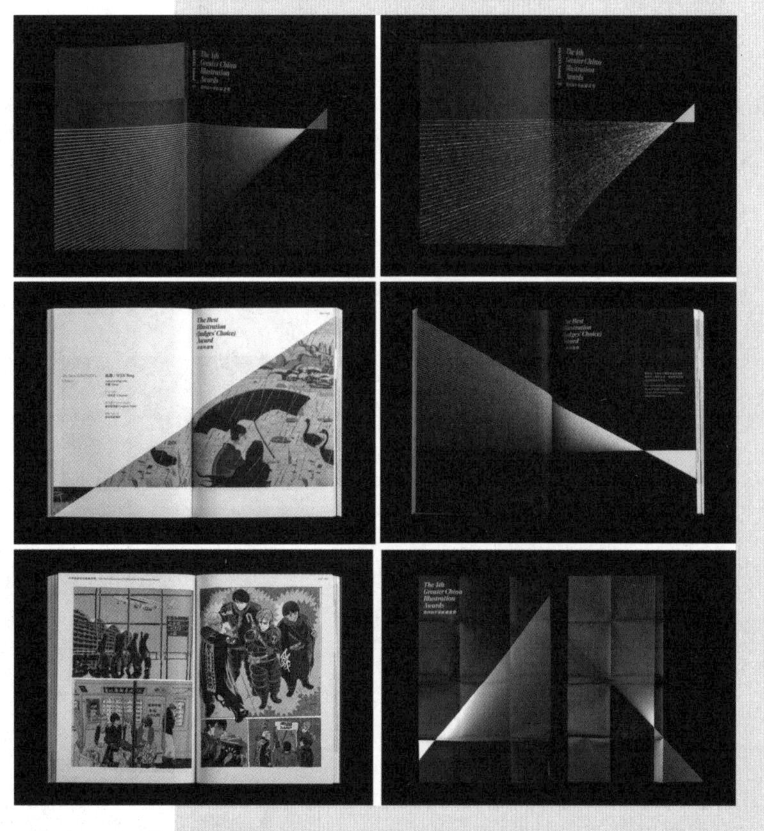

图1－11　《第四届中华区插画奖》书籍设计

图1－12 《现代艺术的激变》封面

选用抽象几何形——三角形象征现代艺术，如电流般红蓝色的光影图案配合黑色背景暗喻现代艺术在时空中碰撞、激变的主题，整个画面又如同石头投入水面激起层层水花，自此抽象的意味和气氛被具象化了出来。(图1－12)

7. **本土性原则**

现代书籍形态设计非常强调民族性和传统特色，但绝不是简单地搬弄传统要素，而是创造性地再现它们，使之有效地转化为现代人的表现性符号。吕敬人的《朱熹榜书千字文》书籍设计，封面以中国书法的基本笔画撇、点、捺作为上、中、下三册书的基本符号，既统一又具个性；函套将一千字反雕在桐木板上，仿宋代印刷的木雕版，并以捆扎式设计用皮带串联，如意扣扣合，构成了本土特色浓郁的书籍形态。(图1－13)

图1－13 《朱熹榜书千字文》书籍设计 吕敬人作品

8. **趣味性原则**

趣味性指的是在书籍形态整体结构和秩序之美中表现出来的艺术气质和品格。具有趣味性的作品更能吸引读者，它常常以轻松、幽默的手法引起阅读欲望。(图1－14)

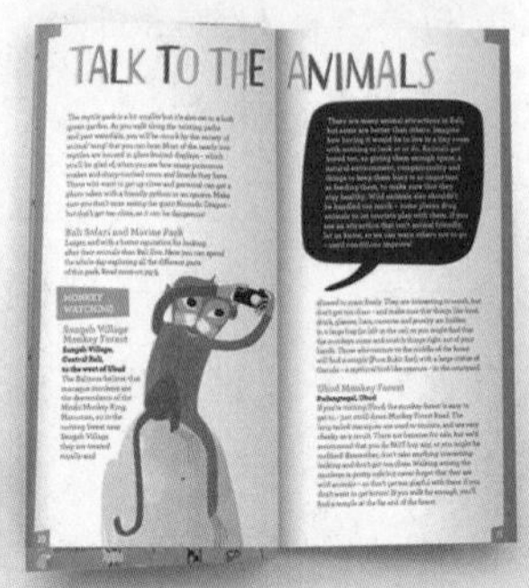

图1－14 《kidsGo》儿童旅游指南书籍设计

三、书籍装帧的类型

书籍装帧一般分为科普类书籍、文艺类书籍、生活类书籍、工具类书籍等四个类型。

1. 科普类书籍

科普类书籍包括自然科学和社会科学两大类，具有科学性强、思想性强、可读性强、普及面广等特点。科普类书籍一般采用庄重大方、严谨规律、简洁明朗的造型，注重抽象、概括与提炼的视觉形象，使读者能够意会到其中的含义。（图 1 – 15）

2. 文艺类书籍

文艺类书籍是指文学与艺术书籍，是以研究和评论文化与艺术作品、宣传和传播文化与艺术思想等为主题内容的书籍。文艺类书籍的共性特征是富于想象力和具有较强的煽情性。

文艺类书籍的设计，不能仅仅是浅显直接的文字或图解，而是要对内容有透彻的理解和对内核有真正的体验，才能更恰当、准确地运用视觉语言进行表现。广西师范大学出版社出版的学者杨照先生的著作《迷路的诗》的封面设计，以正反错位爬行的蜗牛的图形、大量的留白以及怀旧的色调很好地映合了作者在文字间传递出的少年时代的苦闷与彷徨、迷惘与骚动的情绪。（图 1 – 16）

图1 – 15　《遇险自救自我防卫野外生存》封面

图1 – 16　《迷路的诗》封面

3．**生活类书籍**

生活类书籍是指反映人们生活百科的通俗读物，是以宣传大众文化、传播生活经验、提供日常休闲等为主题内容的书籍。生活类书籍一般具有知识性、大众化、时尚感等特点。（图1－17）

图1－17 《COLORS GIRLS》系列女性时尚书籍设计

4．**工具书书籍**

工具书书籍包括手册、图谱、辞书、教材等，是帮助读者解答问题和查找资料的书籍。

工具书书籍集知识性、技术性、信息性于一体的特色，具有针对性和实用性强、权威性高、前瞻性好、使用范围广等特性和全、准、精、新的特点。由于这类书籍需要经常翻阅，故多用精装，在材料选择时应考虑它的使用寿命。为了降低成本，不少是采用纸面布脊装订的。色彩方面，用耐污的较深色调为宜。构图需简洁大方，切忌琐碎零乱。（图1－18）

图1－18 词典类工具书

第三节 书籍装帧的历史进程

一、中国书籍装帧的历史演变

中国是文明古国，在漫长的历史演进中，书籍的设计与制作也有着丰富的历史。按照中国古籍图书的形态，我们可以将书籍装帧方式概括为三个阶段：绳结书、简策书、线装书。

1. 绳结书时期

第一阶段为绳结书时期，即用绳来打结的书，它是中国古代书籍装帧的初期形态。远古时期，人类除语言传递信息外，还用结绳来记载事情，即把绳子打成各式各样大小不同的结，代表不同的事情和含义，用以传播知识、交流思想。结绳可以传到几里以外的部落，也可以传给后代。《易经》里说："上古结绳而治，后世圣人易之以书契。"随着历史的发展和时代的变迁，旧石器时代出现了刻在岩石上的史书——画图文书，新石器时代出现了刻在陶器上的史书——陶文书，商代出现较成熟的文字——甲骨文。甲骨文的出现，标志着我国书籍的萌芽。

(1) 甲骨

在公元前16至前11世纪的商代，统治者以天为至高无上的主宰，将文字视为神的文字，在遇到祭祀、征战、田猎、疾病等无法预知的事情时，先人就将文字用刀刻在龟甲或兽骨之上，通过占卜来寻求上天的启示，这就是甲骨文的由来。通过考古发现，在河南"殷墟"出土了大量的刻有文字的龟壳和兽骨，这就是迄今为止我国发现最早的作为文字载体的材质。所刻文字纵向成列，每列字数不一，皆随甲骨形状而定。(图1－19、图1－20)

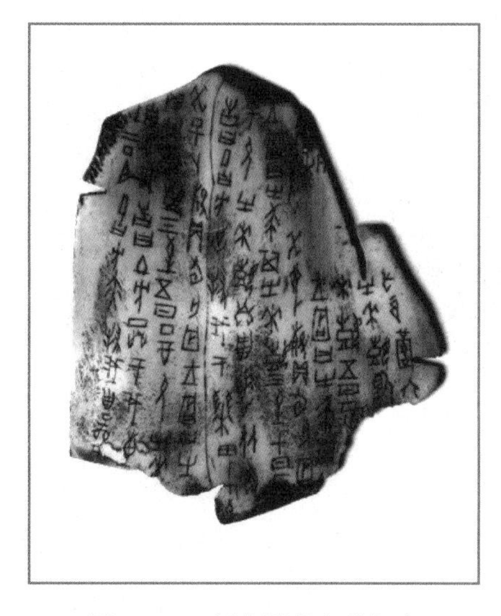

图1－19 刻有甲骨文的龟壳

图1－20 刻有甲骨文的兽骨

(2) 玉版

《韩非子·喻老》中有"周有玉版"的话，又据考古发现，周代已经使用玉版这种高档的材质书写或刻文字了，由于其材质名贵，用量并不是很多，多是上层社会的用品。

龟壳、兽骨上的甲骨文，以及青铜器上的钟鼎文，都是最初的书籍形式，但它主要是记载当时统治阶级的情况，而不是以传播知识为目的的著作，因此还不能称其为书籍。最早具有书籍属性的，应该是从中国的简策和欧洲的古抄本开始。

2. **简策书时期**

第二阶段是简策书时期，简策是用绳把一片片竹简编连而成的书。在西周时期就出现了简策书，在春秋战国时期简策书得到了发展，到秦时期简策书盛行，一直延续到后汉，使用时间较长。用竹做的书，古人称作“简策”；用木做的，古人称为“版牍”。

（1）竹简木牍

中国正规书籍的最早载体是竹和木。把竹子加工成统一规格的竹片，再放置火上烘烤，蒸发竹片中的水分，防止日久虫蛀和变形，然后在竹片上书写文字，这就是竹简。竹简再以革绳相连成“册”，称为“简策”。这种装订方法，成为早期书籍装帧比较完整的形态，已经具备了现代书籍装帧的基本形式。牍，是用于书写文字的木片，与竹简不同的是木牍以片为单位，一般着字不多，多用于书信。

《尚书・多士》中说“惟殷先人，有典有册”，从其所用材质和使用形式上看，在纸出现和大量使用之前，它们是主要的书写工具。书的称谓大概就是从西周的简牍开始的，汉代时的简，书写已经十分规范，先有两根空白的简，目的是保护里面的简，相当于现在的护页，然后是篇名、作者、正文。一部书若有许多策，常用布或帛包起，或用口袋装盛，叫做“囊”，相当于现在的书盒。今天有关书籍的名词术语，以及书写格式和制作方式，也都是承袭简牍时期形成的传统。（图1－21、图1－22）

图1－21 《秦律・十八钟田律》竹简

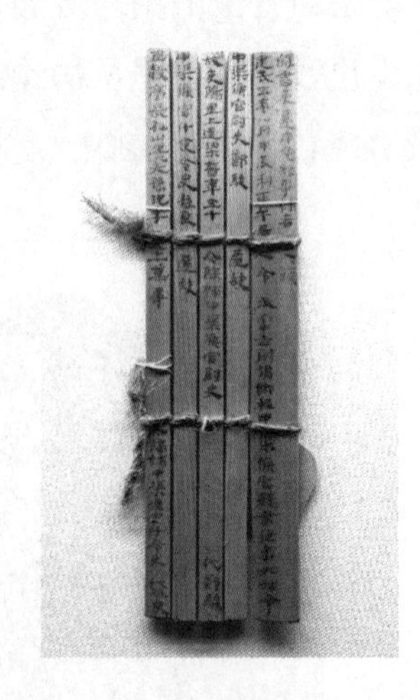

图1－22 《东汉事牒》竹简

（2）帛书

缣帛，是丝织品的统称，与今天的书画用绢大致相同，缣帛材质的书称为帛书。在先秦文献中多次提到了用缣帛作为书写材料的记载，《墨子》中提到“书于竹帛”，《字诂》中说“古之素帛，以书长短随事裁绢”。可见缣帛质轻，易折叠，书写方便，尺寸长短可根据文字的多少，裁成一段，卷成一束，称为“一卷”。缣帛作为书写材料，与简牍同期使用。自简牍和缣帛作为书写材料起，这种形式被书史学家认为是真正意义上的书籍。（图1－23）

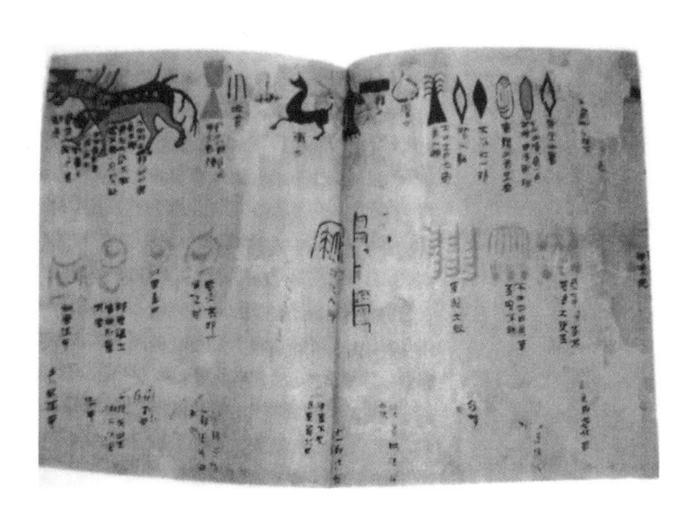

图1－23　马王堆汉墓出土的帛书

3. **线装书时期**

第三阶段为线装书时期，线装书是用纸为载体，笔墨等为工具，用线穿眼固定的书。线装书的出现与东汉时期中国的造纸术和隋末唐初时期的雕版印刷术紧密相关。

据文献记载和考古发现，我国西汉时就已经出现了纸。《后汉书·蔡伦传》中载："自古书契多编竹简，其用缣帛者谓之为纸，缣贵而简重，并不便于人。乃造意，用树肤、麻头、蔽布、渔网以为纸。元兴元年奏上之。帝善其能，自是莫不以用焉，故天下咸称'蔡伦纸'。"到魏晋时期，造纸技术、用材、工艺等进一步发展，几乎接近了近代的机制纸了。到东晋末年，已经正式规定以纸取代简缣作为书写用品。

(1) 卷轴装

欧阳修《归田录》中说："唐人藏书，皆作卷轴"，可见在唐代以前，纸本书的最初形式仍是沿袭帛书的卷轴装。轴通常是一根有漆的细木棒，也有的采用珍贵的材料，如象牙、紫檀、玉、珊瑚等。卷的左端卷入轴内，右端在卷外，前面装裱有一段纸或丝绸，叫做镖。镖头再系上丝带，用来缚扎。从装帧形式上看，卷轴装主要从卷、轴、镖、带四个部分进行装饰。"玉轴牙签，绢锦飘带"是对当时卷轴书籍的生动描绘。卷轴装的纸书，从东汉末年盛行至隋唐时期，并延续到宋初。

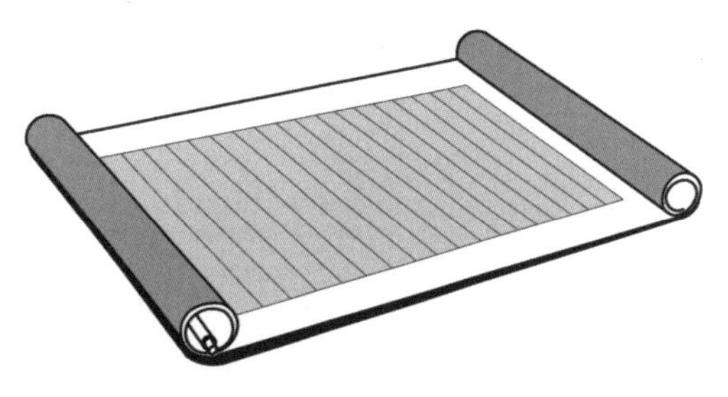

图1－24　卷轴装图示

卷轴装书籍形式的应用，使文字与版式更加规范化，行列有序。与简策相比，卷轴装舒展自如，可以根据文字的多少随时裁取，更加方便，一纸写完可以加纸续写，也可把几张纸粘在一起，称为一卷。卷轴装书籍形式发展到今天已不常被采用，但在书画装裱中仍还在应用。(图1－24至图1－26)

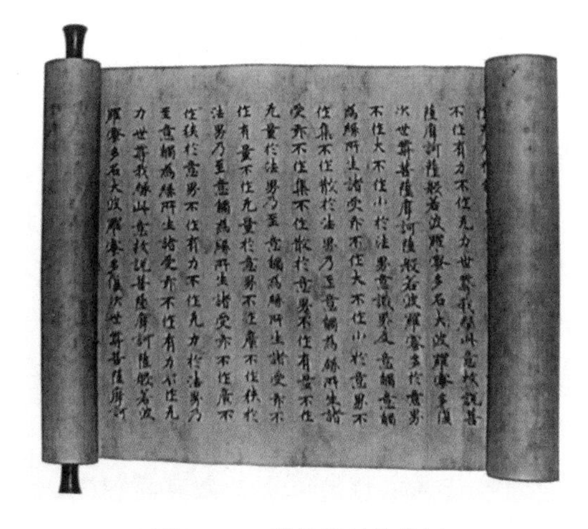

图1－25　唐代卷轴装佛经

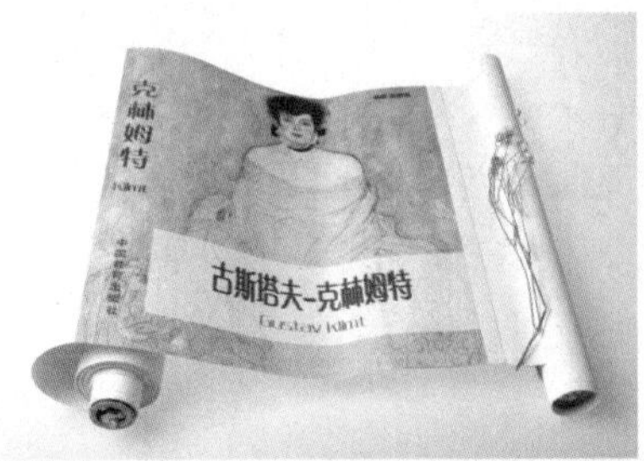

图1－26　参考卷轴装形式的书籍设计
伍提清作品　指导老师：马莉

（2）经折装

经折装是在卷轴装的形式上改造而来的，盛行于唐代至五代十国时期。经折装的具体制作方法是：将一幅长卷沿着文字版面的间隔中间，一反一正地折叠起来，形成长方形的一叠，在首末两页上分别粘贴硬纸板或木板。经折装解决了卷轴装书籍在查看中后部分时也要从头打开的麻烦，大大方便了阅读。（图1－27至图1－30）

（3）旋风装

旋风装是在经折装的基础上加以改造的，在唐代中期至北宋时期较为常见。虽然经折装的出现改善了卷轴装的不利因素，但是由于长期翻阅会把折口断开，使书籍难以长久保存和使用。所以人们想出把正反两面书写的纸页，按照先后顺序，依次相错地粘贴在一张素质长卷上，类似房顶贴瓦片的样子，展开长卷可翻页阅读。它的外部形式跟卷轴装区别不大，仍需要卷起来存放。（图1－31至图1－33）

（4）蝴蝶装

印刷术的发明，给书籍形式带来很大的变化，书籍从卷轴形式转变到册页形式。册页是现代书籍的主要形式，而蝴蝶装是册页的最初形式，它起始于五代十国，盛行于宋代，至元代逐渐衰落。

图1－27　经折装图示

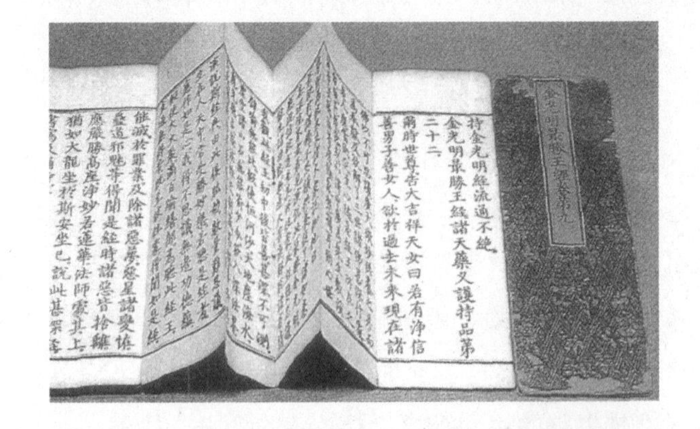

图1－28　《金光明最胜王经》第九卷　经折装佛经

蝴蝶装，就是将印有文字的纸面朝里对折，再以中缝为准，版心朝里，单口向外，把所有页码对齐，用糨糊粘贴在另一包背纸上，然后裁齐成书。蝴蝶装的书籍翻阅起来就像蝴蝶飞舞的翅膀，故称“蝴蝶装”。（图1－34、图1－35）

（5）包背装

因蝴蝶装的书页是单页，文字面朝内，每翻阅两页的同时必须翻动两页空白页，阅读起来不算方便。元代至明代出现的包背装改进了装帧方式，解决了这一问题。包背装将对折页的文字面朝外，背向

图1－29 《法界源流图》书籍设计

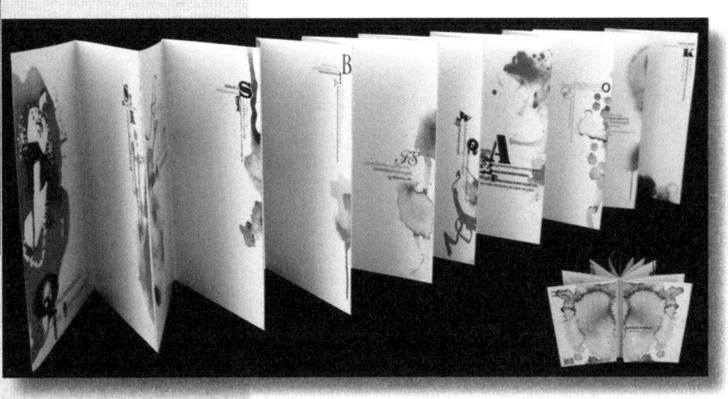

图1－30　参考经折装形式的书籍设计
翟晴晴作品　指导老师：马莉

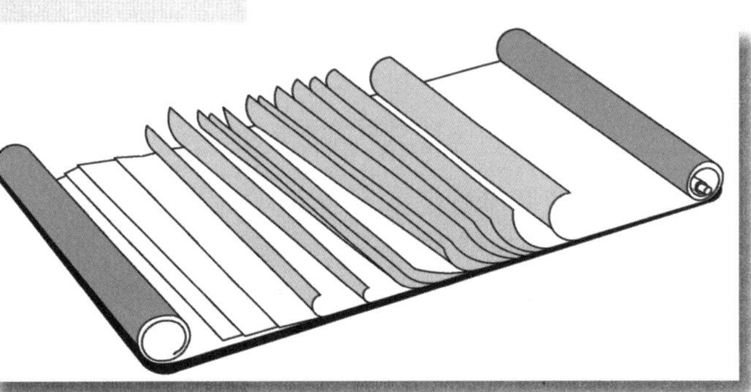

图1－31　旋风装图示

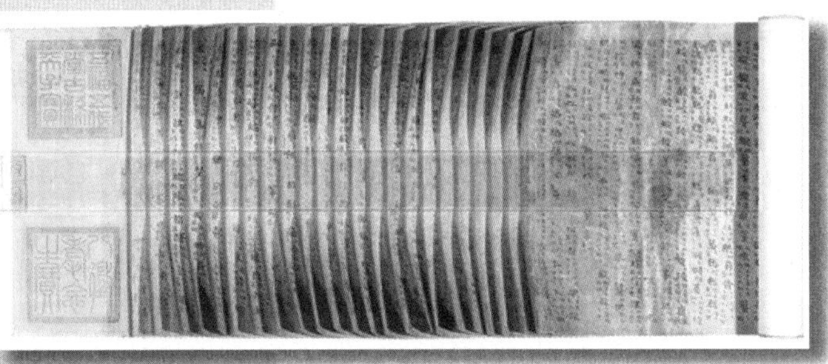

图1－32　旋风装古籍

图1－33 《三十二篆体金刚般若波罗蜜经》书籍设计
李怀乾作品

相对，两页版心的折口在书口处，所有折好的书页，叠在一起，戳齐折口，版心内侧余幅处用纸捻穿起来。用一张稍大于书页的纸贴书背，从封面包到书脊和封底，然后裁齐余边，这样一册书就装订好了。包背装的书籍除了文字页是单面印刷，且每两页书口处是相连的以外，其他特征均与今天的书籍相似。（图1－36）

（6）线装

线装是古代书籍装帧的最后一种形式。它与包背装相比，书籍内页的装帧方法一样，区别之处在护封，是两张纸分别贴在封面和封底上，书脊、锁线外露。锁线分为四、六、八针订法。有的珍善本需特别保护，就在书籍的书脊两角处包上绫锦，称为“包角”。线装书的结构为：书衣（封面）、护页、书名页、序、凡例、目录、正文、附录、跋或后记。与现代书籍次序大致相同。线装是中国印本书籍的基本形式，也是古代书籍装帧技术发展最有代表性的阶段。线装书籍起源于唐末宋初，盛行于明清时期，流传至今的古籍善本颇多。（图1－37至图1－41）

（7）简装

简装，也称“平装”，是铅字印刷以后近现代书籍普遍采用的一种装帧形式。简装书内页纸张双面印，大纸折页后把每个印张于书脊处戳齐，骑马锁线，装上护封后，除书籍以外三边裁齐便可成书，这种方法称为“锁线订”。由于锁线比较烦琐，成本较高，但牢固，适合较厚或重点书籍，比如百科全书、各种参考书、艺术类书籍等。现在大多采用先裁齐书脊然后上胶，不锁线的方法，这种方法叫“无线胶订”。它经济快捷，却不很牢固，适合较薄或普通书籍。另外，一些更薄的册子，内页和封面折在一起直接在书脊折口穿铁丝，称为“骑马订”。但是，铁丝容易生锈，故不宜长久保存。（图1－42）

图1－34　蝴蝶装内页图示

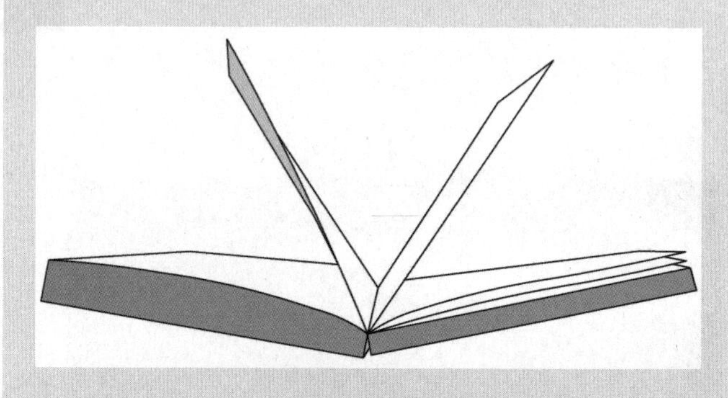

图1–35　蝴蝶装翻阅效果图示

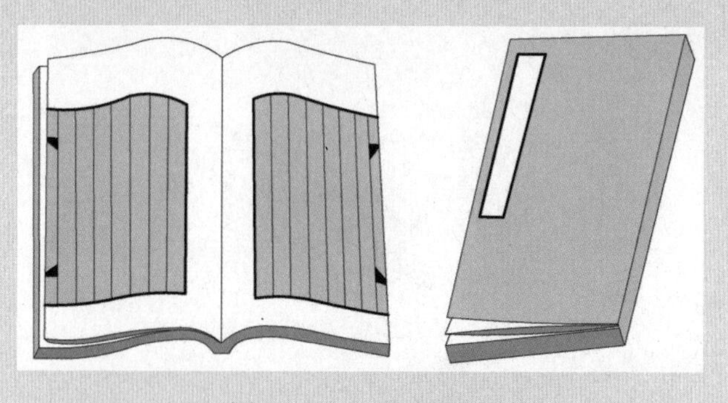

图1－36　包背装图示

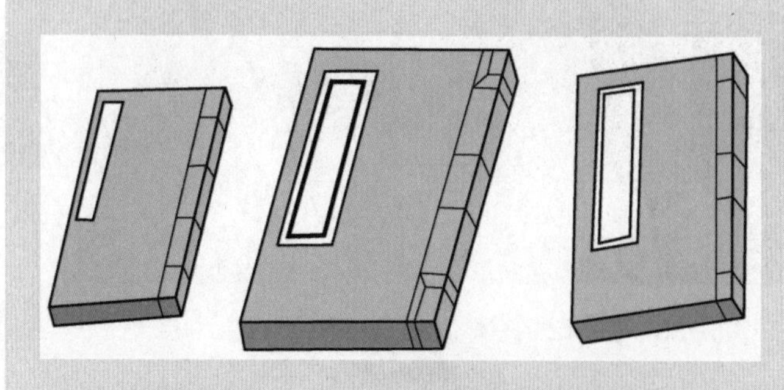

图1－37　不同锁线订法的线装图示

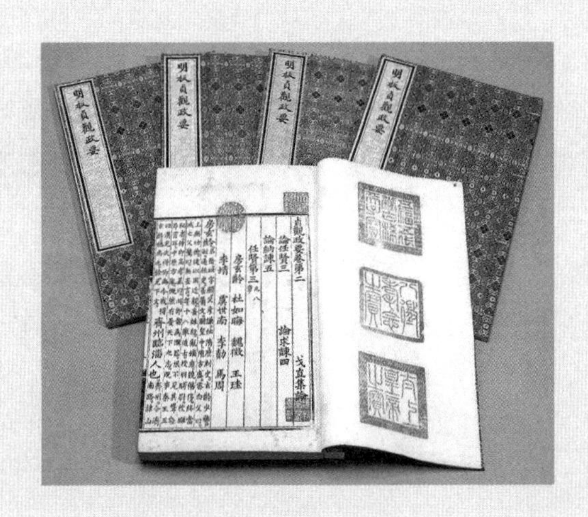

图1－38　明刻本《贞观政要》

图1－39　《史记》书籍设计

图1－40　《西游记》封面

图1－41　参考线装形式的书籍设计
学生作品　指导老师：马莉

图1－42　书店陈列的“无线胶订”简装书籍

(8) 精装

精装书籍在清代已经出现，是西方的舶来品。精装书最大的优点是护封坚固，起保护内页的作用，使书经久耐用。精装书的内页与平装一样，多为锁线订，书脊处还要粘贴一条布条，以便更牢固地连接和保护。护封用材厚重而坚硬，封面和封底分别与书籍首尾页相粘，护封书脊与书页书脊多不相粘，以便翻阅时不致总是牵动内页，比较灵活。书脊有平脊和圆脊之分，平脊多采用硬纸板做护封的里衬，形状平整。圆脊多用牛皮纸、革等较韧性的材质做书脊的里衬，以便起弧。封面与书脊间还要压槽、起脊，以便打开封面。精装书印制精美，不易折损，便于长久使用和保存，设计要求特别，选材和工艺技术也较复杂，所以有许多值得研究的地方。(图1－43、图1－44)

图1－43 书店陈列的精装书籍

图1－44 一套精装书籍

4. 我国现代书籍装帧设计的发展

在中国，由于漫长的封建社会束缚，书籍的生产和艺术表现一直处于缓慢发展的状态。公元19世纪以后，中国开始采用欧洲的印刷技术，但发展缓慢，直到20世纪初，现代的机械化印刷术才取代了1000多年来的手工业印刷术的地位。由于现代印刷术的影响，书籍的形式和艺术风格发生了变化。书籍的纸张逐渐采用新闻纸、牛皮纸、铜版纸等，原来的单面印刷变为双面印刷，文字也开始出现横排。这样，更有利于书籍生产和阅读。

1919年“五四运动”以后，文化上出现了新的高潮，这一时期的书籍艺术也有了较大的发展。鲁迅是中国现代书籍艺术的倡导者。他亲自进行书籍设计，介绍国外的书籍艺术，提倡新兴木刻运动，为中国现代书籍设计的发展奠定了坚实的基础。除封面外，鲁迅先生还对版面、插图、字体、纸张和装订有严格的要求。鲁迅先生不但对中国传统书籍装帧有精深的研究，同时也注意吸取国外的先进经验，因此，他设计的作品具有民族特色与时代风格相结合的特点。随后，许多画家也参与了书籍的设计和插图创作，如陶元庆、丰子恺、陈之佛、司徒桥、张光宇等，他们的研究与探索都为我国的书籍装帧事业做出了巨大的贡献。（图1－45至图1－48）

图1－45　《国学季刊》封面　鲁迅作品

图1－47　《彷徨》封面　陶元庆作品

图1－46　《萌芽月刊》封面　鲁迅作品

图1－48　《文学》封面　陈之佛作品

但是与世界先进国家的书籍设计相比，我国的书籍设计仍有许多不足之处。主要反映在设计观念滞后和技术手段落后两个方面。20世纪80年代以来，商业化的浪潮促使市场出现了大量的书籍设计作品，其中不乏平庸、媚俗之作，但正是在这种书籍设计已达到充分发展的条件下，才使一部分设计师重新审视书籍设计的任务问题。90年代以来，我国一批书籍设计家们一方面虚心学习先辈们的经验，一方面大胆更新观念，创造崭新的书籍设计理念，我国的书籍装帧设计有了新的发展。

二、西方书籍装帧的发展历程

不同的时代背景，不同的地域差异，不同的文化理念，不同的生活环境，时刻都影响着人类对美的追求，同时也影响着书籍装帧的发展。西方书籍装帧的发展历程大致经历了三个不同的历史时期：原始书籍装帧时期、古代书籍装帧时期和现代书籍装帧阶段。在远古时代，人们的生产能力低下，更加考虑实用性，着重在内容本源的传播上。随着社会的发展，人类文明的进步，人们开始意识到作为书籍载体的形式美，经过数次文化革命及改革开放，涌现出一批又一批的艺术家，为书籍装帧艺术设计奠定了坚实的文化基础，造就了现代书籍装帧艺术设计的多元化呈现。

1. 原始书籍装帧时期

在公元前4000年，就有了文字，最早的象形文字就产生于公元前4000年的幼发拉底河和尼罗河岸边。公元前2500年，古埃及人把文字刻在石碑上面，成为早期的石碑书，随后出现了泥板书、蜡板书、纸草书、羊皮书等。特别是羊皮纸得到推广后，因其材料的华丽及其两面都可以书写，为书籍装帧的发展带来了深远影响。（图1－49）

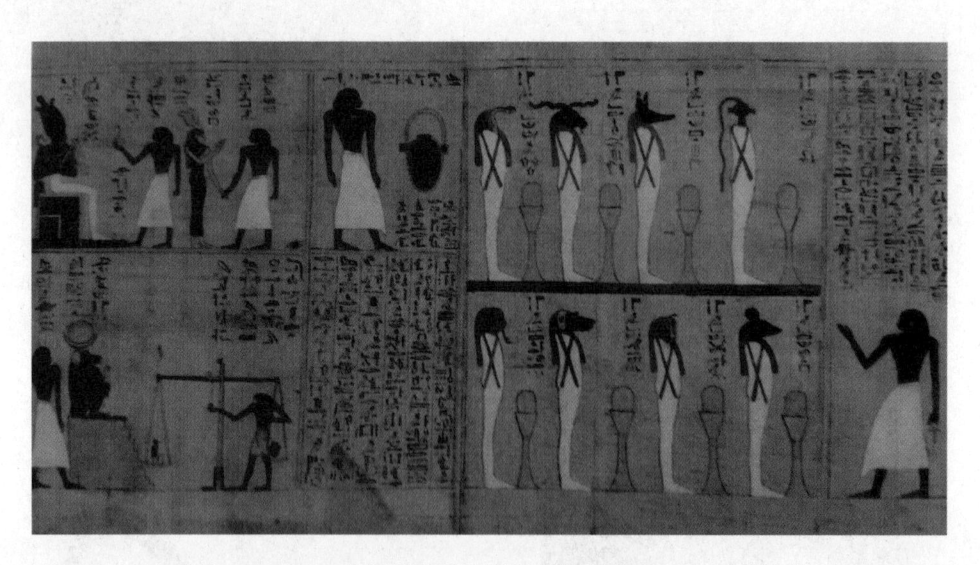

图1－49　羊皮纸书籍局部

2. 古代书籍装帧时期

在中国造纸术和印刷术传入欧洲后，开始出现宗教手抄本书籍、平装书、袖珍本及王室的特装书籍。现代印刷的创始人谷腾堡于1440年发明了铅活字印刷术，将承印方式由“刷印”变为“压印”，为现代印刷奠定了基础。虽然比毕昇的发明晚了大约400年，但生产的印刷机相比我国当时的涂刷方法，速度上提升了很多，并且在纸张的双面都可以印刷。他的铅活字印刷术先从德国传到意大利，再传到法国，在1477年传到英国时，已经几乎传遍欧洲。（图1－50）

3. 现代书籍装帧阶段

19世纪欧洲工艺美术运动的代表人物威廉·莫里斯，同时也是西方现代书籍装帧的开拓者。他反对书籍产业的工业化和机械化，强调艺术设计的重要性，以提高书籍质量为原则，提倡书籍设计的美感及设计风格的自然、华丽、美观。威廉·莫里斯一生创作了52种66卷精美的书籍，特别是他为《乔叟诗集》专刻了乔叟字体，为《特洛伊城史》专刻了特洛伊字体，其中最著名的戈尔登字体强调了手工艺的特点，古朴优雅、十分美观，对现代的书籍装帧的发展有着不可磨灭的重要意义。(图1－51、图1－52)

图1－50　古腾堡《42行圣经》内页

图1－51　威廉·莫里斯书籍设计作品

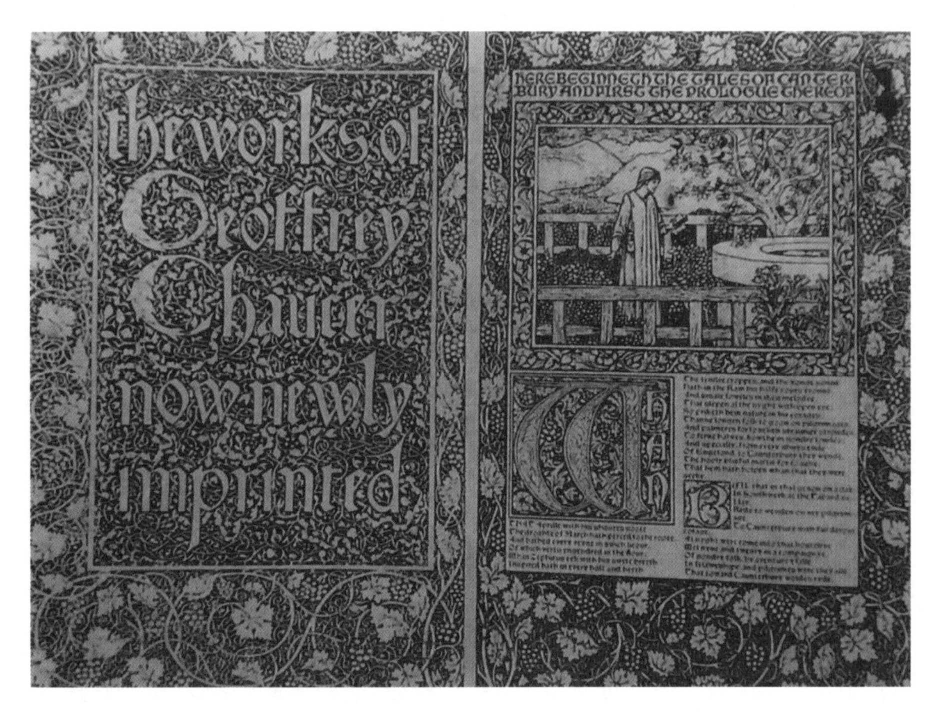

图1－52　《乔叟诗集》内页　威廉·莫里斯作品

19世纪末20世纪初的“现代美术运动”，是西方书籍装帧艺术进入现代设计的标志。立体派、达达派、超现实主义、构成主义等的出现，各种形式元素打破旧的方式，表现新的设计方式，使书籍装帧艺术设计一度达到鼎盛时期。(图1-53)

图1-53　《For The Voice》书籍设计　埃尔·李西斯基作品

三、现代书籍装帧设计的发展趋势

现代艺术设计总是伴随着经济的发展不断前进，精神文明提高的同时，人们的审美能力也在不断地上升。作为传播知识的载体，对书籍装帧设计也有了更高的要求。近年来，随着出版行业的迅速发展，以及大量的书籍装帧设计人才的涌现，书籍装帧艺术设计已然成为一门独立的学科。

书籍既是一种文化，也是一种商品，确切地说是一种文化产品，它不同于其他的富有物质功能的产品，而是一种汇入人文精神的产品。现代书籍装帧设计是集文字、图形、色彩、材料、工艺于一体的，阅读与审美结合的产物。因此，书籍装帧设计是视觉传达设计中最具精神性的门类，不仅仅要求外观悦目，更需要具有丰富的内涵，直接反映出设计艺术的品位，达到雅俗共赏。

随着科技的发展，带来了材料的更新和印刷工艺的改进，促进了艺术效果的综合应用，为书籍装帧设计提供了丰富的创作基础。文化性、艺术性和交互性设计在书籍装帧设计中将越来越重要，而这些方面更多地表现在细节上。在完成基本书籍装帧的同时，不断深化细节的设计，读者阅读它时能更好地产生情感上的共鸣。书籍装帧的设计正朝着精细化与个性化、本土化与多元化轨道发展，设计风格百花齐放、百家争鸣！

附：小贴士

甲骨文

甲骨文是我国的一种古代文字，是汉字的早期形式，有时候也被认为是汉字的书体之一，也是现存中国王朝时期最古老的一种成熟文字，最早出土于河南省安阳市殷墟。它属于上古汉语，而非上古或者原始的其他语系的语言。甲骨文，又称“契文”“甲骨卜”“殷墟文字”或“龟甲兽骨文”。甲骨文记录和反映了商朝的政治和经济情况，主要指商朝后期（前14～前11世纪）王室用于占卜吉凶记事而在龟甲或兽骨上契刻的文字，内容一般是占卜所问之事或者是所得结果。殷商灭亡周朝兴起之后，甲骨文还使用了一段时期，是研究商周时期社会历史的重要文物资料。（图1－54）

甲骨文字的形体结构已由独立体趋向合体，而且出现了大量的形声字。它上承原始刻绘符号，下启青铜铭文，是汉字发展的关键形态，被称为“最早的汉字”。现代汉字即由甲骨文演变而来。在总共10余万片有字甲骨中，含有4千多不同的文字图形，其中已经识别的约有2800多字。从甲骨文已识别的字来看，它已具备“象形、会意、形声、指事、转注、假借”的造字方法，展现了中国文字的独特魅力。（图1-55）

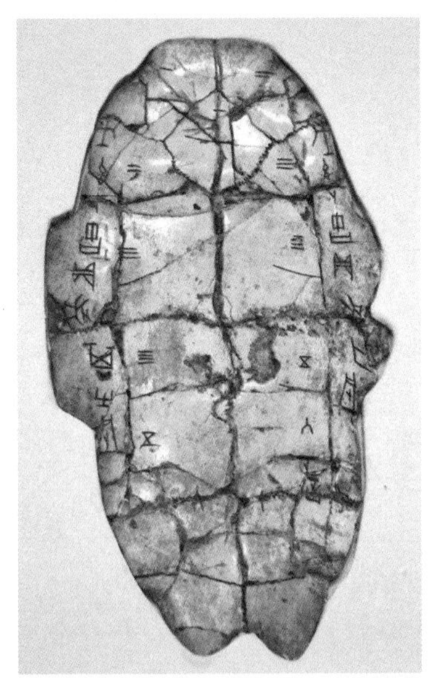

图1－54　好妇墓出土甲骨文遗存

图1－55　十二属相甲骨文文字对照

本章思考与练习

1. 书籍装帧的特点有哪些？
2. 书籍装帧的功能。
3. 书籍装帧设计的原则有哪些？
4. 我国书籍形态的历史演变过程。

第二章　书籍的结构与开本

◆ 学习要点及目标：

了解书籍的基本结构。

掌握书籍各个组成部分的设计要点与规律。

掌握开本设计基本知识，并结合相关因素，合理进行开本设计。

◆ 核心概念：

封面、书脊、勒口、扉页、正文、开本、开数、开切法。

◆ 引导案例：书籍的组成（图2－1、图2－2）

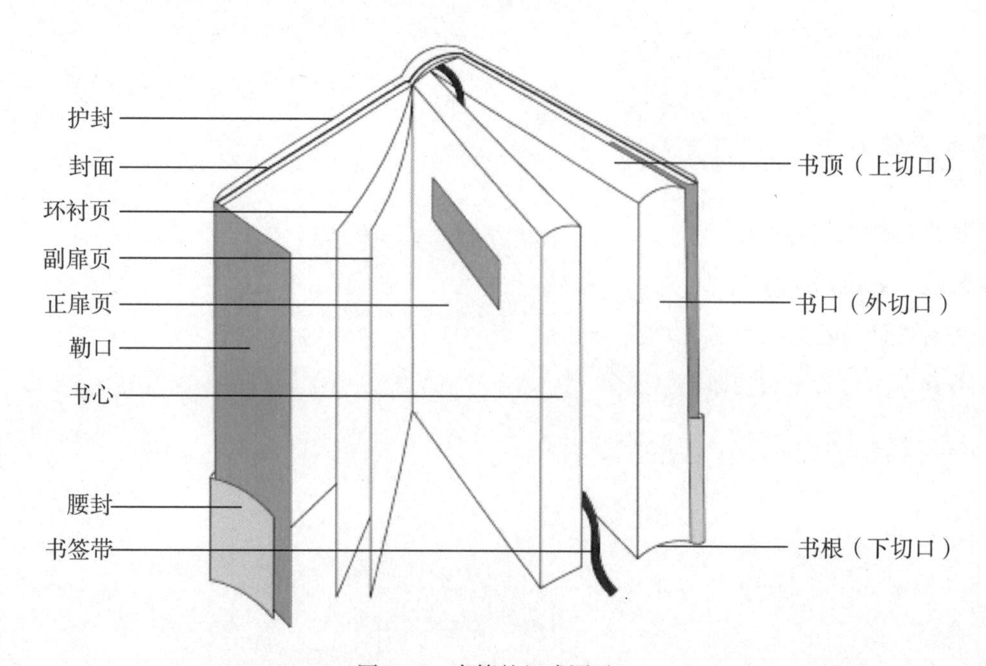

图2－1　书籍的组成图示1

一本完整书籍的组成结构可分为由封面、书脊与封底等组成的外部结构和由正文与辅文等组成的内部结构。按照书籍翻阅的顺序，书的组成部分有：函套、腰封、护封、封面、书脊、勒口、环衬页、扉页、版权页、目录页、序言、正文、参考文献、索引、附录、封底等。

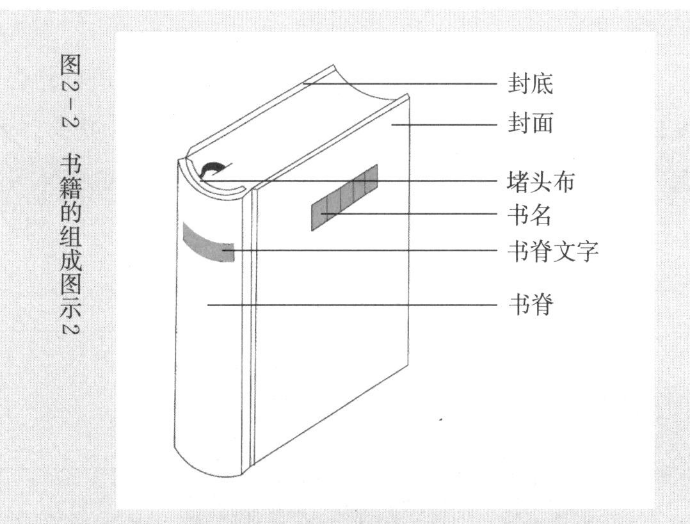

图2-2　书籍的组成图示2

第一节　书籍的外部结构

一、主要结构

书籍的外部组成主要由封面、封底、书脊三部分构成，具有传递信息、美化书籍和保护书芯的作用。

1. 封面

封面也就是书籍的外貌，是书籍最外面的包皮。“封面”的概念，可以从两方面理解：一方面是广义的封面（图2-3）。这个概念是针对内文设计而言，是指包在书籍外部的整体结构，其中包括封面、封底、书脊、勒口等各个部分，是对书籍包封（又称护封）的总称。另一方面是狭义的封面，指书籍的首页正面，又称为前封（图2-4）。

封面是书籍的脸面，读者对一本书感兴趣，通常有可能是因为被书籍的封面所吸引。因此，封面除了保护书籍的功能外，更重要的是传递信息和促销的功能。封面有平装和精装之分，大多数平装书的封面上印有书名、著作者名和出版机构名称。而精装书又有是否套以护封之分，套以护封的精装书，其封面的主要功能是保护书籍，而把传递信息和促销的任务交给

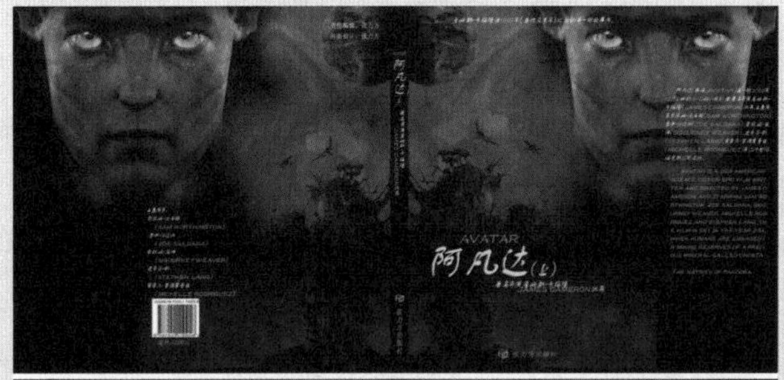

图2-3　《阿凡达》系列书籍封面　张力方作品　指导老师：马莉

图2-4　《阿凡达》系列书籍前封效果展示

护封来完成。

书籍虽然是精神与文化的产物，但也要通过市场到达读者手中，因而它也是商品，因此如何使其在琳琅满目的图书中脱颖而出就显得尤为重要了。好的封面设计必须与书籍内容紧密相扣，有新颖的创意，并能巧妙运用字体、图形、色彩来塑造书籍的整体风格，体现书籍的内涵。封面设计在内容的安排上应做到繁而不乱、有主有次、层次分明、简洁而不空洞，这就要求设计师要注重细节，比如色彩、图片的选择等等。(图2－5至图2－7)

图2－5 《唐代瓷器鉴赏》系列书籍封面
翟晴晴作品　指导老师：马莉

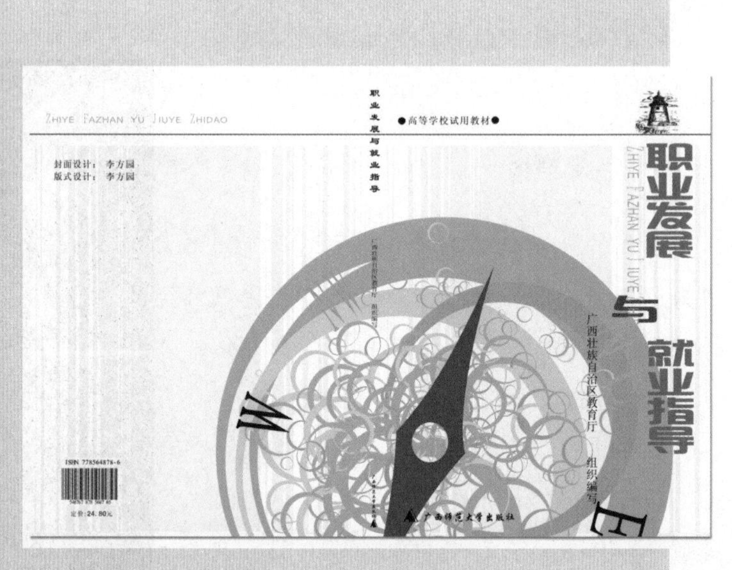

图2－6 《职业发展与就业指导》封面
李方圆作品　指导老师：马莉

图2－7 《Wham Bacabac插画录》封面
梅潇潇作品　指导老师：马莉

2．书脊

书脊就是连接封面和封底的转折部分，它的宽度基本上相当于书芯的厚度。一般的书都有书脊，而采用骑马订装订的杂志等则没有书脊。书脊上一般印有书名、册次、作者名、出版社名等，如果是丛书，还要印上丛书名，多卷成套的还要印上卷次，便于在书架上查找。从一本书的功能与视觉传达的角度来看，书脊可以传达整本书的信息，使读者在众多繁杂的书中寻到自己想要的图书，具有强烈视觉冲击力和个性感的书脊更能吸引读者的兴趣。书脊的设计要与封面、封底等设计完美结合。(图2－8、图2－9)

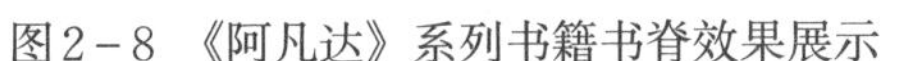

图2－8　《阿凡达》系列书籍书脊效果展示

图2－9　《红楼梦》系列书籍书脊效果展示
曾贤奇作品　指导老师：马莉

书籍有圆脊和平脊两种。圆脊（图2－10）是精装书常见的形式，其脊面呈月牙形，优雅的弧度给人以柔软、饱满的感觉。圆脊既可以使薄书增加厚重感，又可以使厚书具有温和感，打开后会形成一个小的空间，有的书籍甚至在书脊的内页做上必要的设计，增加书籍的感染力。平脊（图2－11）则与封面成90度角，此种书脊大多与硬封匹配，形成平整、挺拔之感，现代感较强。另外，粘连书页的脊头和丝带的颜色也要和封面及书芯的色调取得一致。

图2–10　书脊为圆脊的书籍

图2–11　书脊为平脊的书籍

3. **封底**

封底，又称底封或后封。封底通常放置出版社的标志、系列丛书名、责任编辑、装帧设计者名及相关的图形，在封底的右下方印统一书号、条形码和书籍价格，如果是期刊，则要在封底印版权页，或印上目录及其他非正文部分的文字、图片。相对于封面的信息，封底上的显得次要一些，字号比前封小，但整体要与封面、书脊的设计风格相协调。（图2－12、图2－13）

图2－12 《小刚这背子》书籍封面
韩志刚作品 指导老师：马莉

图2－13 《小刚这背子》书籍前封、后封效果展示

二、辅助结构

书籍的外部除了封面、封底和书脊之外，根据功能需要，还常包含有函套、护封和腰封等的辅助结构。

1. **函套**

书盒也称函套，需要根据书的大小、厚度而制。一般用来放置比较精致的书册，大多用于丛书或多卷集书，它的主要功能是保护书册，具有便于携带、馈赠和收藏的特点。现代精装书的书盒一般有四种形式：（1）开口匣式。用纸板五面订合，一面开口，当书册装入时正好露出书脊，有些书在开口处挖出半圆形缺口，以便于手指伸入取书。（2）半包式。四面包裹，露出书的上下口。（3）全包式。将书的六面全部包裹，对于成系列的丛书，大部分用六面全部包裹的形式。（4）捆扎式。即用两块跟书本等大的夹板将书本前后夹住，两边再用绳子捆扎。大多数函套是用硬纸板制成的，也有的是用木材、织物或皮革制成。（图2－14至图2－17）

图2－14 《赵氏孤儿》开口匣式函套 吕敬人作品

图2－15　两组半包式的书籍函套

图2－16　《武术古籍珍本文库》全包式函套

图2－17　《广西民族风俗艺术·娃崽背带》书籍设计（内函套为开口匣式函套，外函套为捆扎式函套，2004年“中国最美的书”）全子作品

函套或书盒的设计首先应考虑其功能的合理性，其次是突出整套（本）书的格调。有的也可有广告宣传作用，代替护封。因此，有书盒的精装书籍也可以放弃护封。

2. ***护封***

护封又称包封、外封，是包裹在书籍封面外面的一张保护纸。一般用于比较讲究的书籍或经典著作，所以又被称为是精装书籍的外貌。从护封的折痕可以将其分为前勒口、前封、书脊、后封、后勒口和里页，护封上一般印有书名、作者、出版社名和装饰图画，它是读者的介绍人，向读者介绍这本书的精神和内容，并促使读者购买这本书。所以，护封作用不仅是保护书封，增加书籍的庄重和艺术感，同时也起到宣传效果。护封一般选用质地较好的纸张或压有塑料薄膜及印有花纹图案的材料等。护封的设计首先要符合书籍本身内容及风格的需要，还要对文字、图片、色彩以及所用材质、结构进行设计。（图2－18至图2－20）

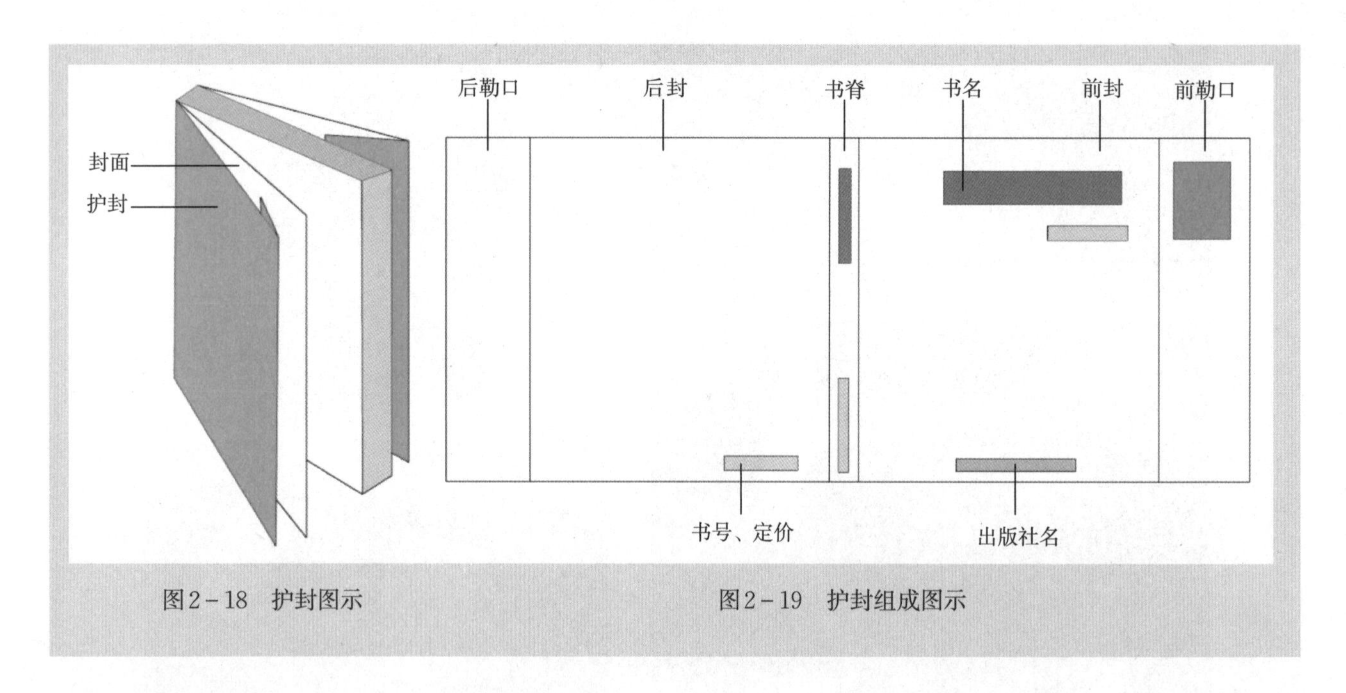

图2－18　护封图示

图2－19　护封组成图示

3. **腰封**

腰封，又称环套，是护封的一种特殊形式，一般包绕在护封的下部，高约5厘米，只及护封的腰部，又称半护封。腰封往往是补充介绍在出书后出现的与这本书相关的重要事件，例如该书获得了某种奖项或该书的作者获奖等情况。腰封的使用只是起加强读者印象或促使销售的作用，而不应影响护封的整体效果。(图2－21)

4. **勒口**

比较考究的平装书，一般会在封面和封底的外切口处，留有一定尺寸的封面纸向里转折，封面翻口处称为前勒口，封底翻口处称为后勒口。勒口上通常印有作者的简历以及其肖像、内容简介、作者的其他著作名称或丛书名。封面的设计因素可延伸到前勒口上，后勒口的设计风格要与前勒口的风格保持一致，其底图与色调要做到简洁明了，使其统一于书籍的整体氛围中。勒口的宽度视书籍内容需要和纸张规格条件而定，勒口一般都在5~10厘米，但也有的设计得与前后封的大小相当，有的甚至是前后封的两倍。(图2－22至图2－25)

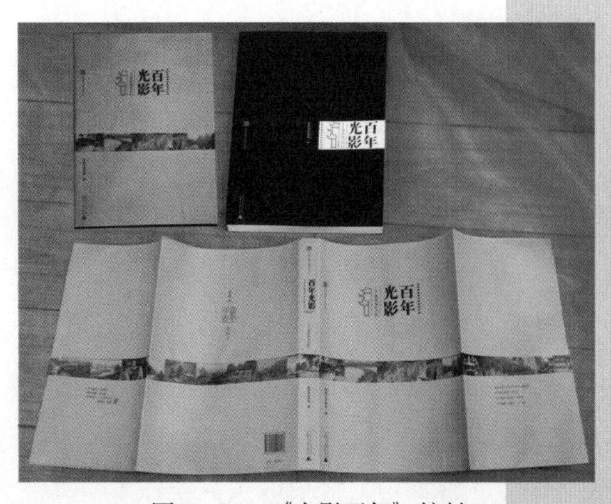

图2－20　《光影百年》护封

图2－21　《国富论》腰封

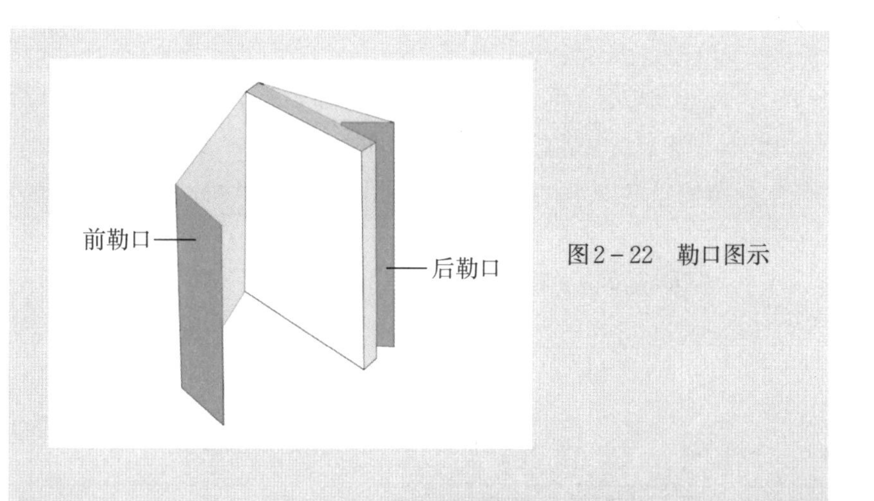

图2－22　勒口图示

图2-23　有勒口的书籍封面
管安业作品　指导老师：马莉

图2－24　有勒口的书籍封面
何嘉璐作品　指导老师：马莉

图2－25　有勒口的书籍封面
吴凡作品　指导老师：马莉

5. 订口、切口

书籍被装订的一边称订口（图2－26），另外三边称切口（图2－27）。进行书籍设计时应该有效利用书籍切口的空间特点和功能作用，创作出具有当下时代特点的书籍设计作品。

图2－26　《突破》订口

6. 飘口

精装书前封和后封的上切口、下切口及外切口都要大出书芯3mm左右，大出的部分就叫飘口。飘口保护了书芯，增加了书籍的美观。(图2－28)

图2－27　《世界24小时》切口

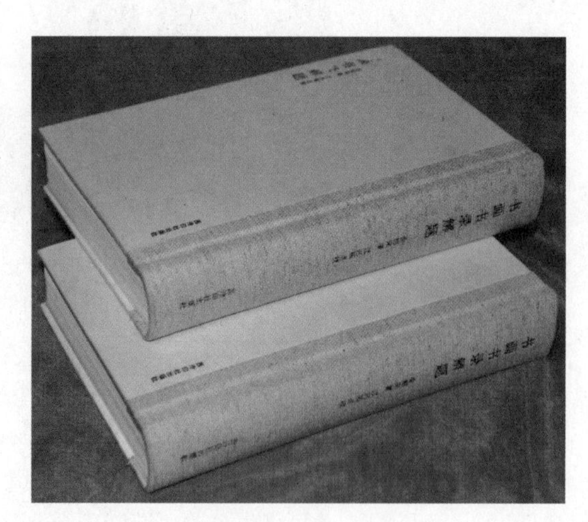

图2－28　《书画书录解题》下飘口

第二节　书籍的内部结构

书籍的内部结构由正文与辅文两部分构成。正文结构是指书籍的主体内容，主要包含有环衬页、扉页、版权页、目录页、正文等部分。辅文结构指在图书内容中起辅助说明或辅助参考作用的内容，一般由序言、附录、注文、参考文献、索引、后记等部分构成。

一、正文结构

1. 环衬

在封面与书芯之间，有一张对折双连页纸，一面贴牢书芯的订口，一面贴牢封面的背后，这张纸称之为环衬页，也叫做蝴蝶页。在书芯前的环衬页叫前环衬，书芯后的环衬页叫后环衬。环衬页把书芯和封面连接起来，使书籍得到较大的牢固性，同时也具有保护书籍的功能。

环衬页一般选用白色或淡雅的有色纸，在封面和书芯之间起过渡作用。环衬的色彩明暗和强弱，构图的繁复和简单，应与护封、封面、扉页、正文等的设计取得一致，并要求有节奏感。一般书籍，前环衬和后环衬的设计是相同的，即画面和色彩都是一样的，但也有因内容的需要，前后环衬的设计不尽相同，环衬的简约风格可以给读者在阅读的过程中从视觉上带来轻松与美的享受。（图2－29、图2－30）

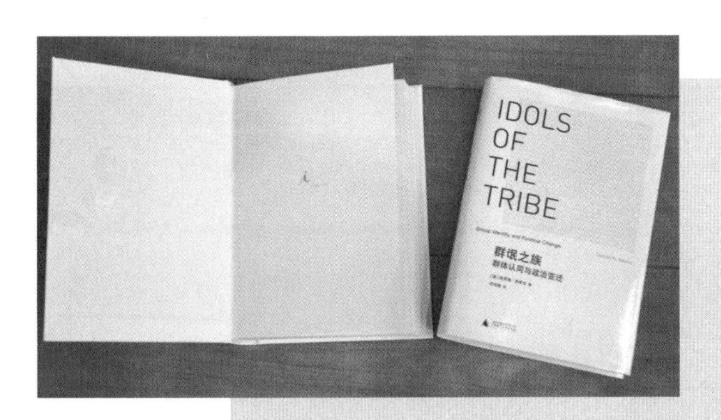

图2－29 《群氓之族》前封及环衬页

图2－30 《图说经济学》封面及环衬页

2. 扉页

广义的扉页包括扩页、空白页、像页、卷首插页或丛书名、正扉页、版权页、赠献题词页等。狭义的扉页（又称里封面或副封面）是指正扉页，即在书籍封面或环衬页之后、在书籍的目录或前言前面的一页。扉页上一般印有书名、副标题、作者或译者姓名、出版社和出版的年月等内容，它的背面可以是空白，也可以印有书籍的版权记录，一般以文字为主，也可以适当地加图案装饰点缀。

扉页的作用首先是补充书名、作者、出版者等信息，其次是装饰图书、增加美感。扉页设计要求简练、概括、大方，书名文字明显、突出，其他信息的字体、字号得当，位置有序。扉页应当与封面的风格取得一致，但又要有所区别，使其能够对整本书的设计风格起到较好的衬托作用。（图2－31至图2－35）

图2－32 《绘时光》封面及扉页

图2－31 《百年光影》护封、封面及扉页

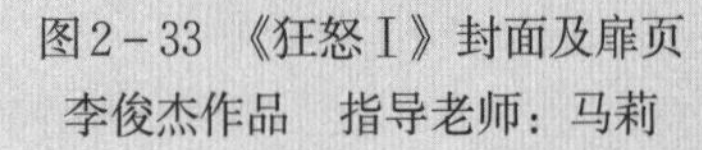

图2－33 《狂怒Ⅰ》封面及扉页
李俊杰作品　指导老师：马莉

图2－34 《请把我留在，最好的时光里》封面及扉页
朱盛倩作品　指导老师：马莉

图2－35 《那些回不去的年少时光（上）》封面及扉页
刘良作品　指导老师：马莉

3. **版权页**

版权页大都设在扉页的后面，也有一些书设在书末最后一页。版权页上的文字内容一般包括书名、从书名、编者、著者、译者、出版者、印刷者、版次、印次、开本、出版时间、印数、字数、国家统一书号、图书在版编目（CIP）数据等。版权页上的信息是国家出版主管部门检查出版计划情况的统计资料，具有版权法律意义。版权页的版式没有定式，大多数图书版权页的字号小于正文字号，且版面设计简洁。（图2－36、图2－37）

4. **目录页**

目录又叫目次，是全书内容的纲领，它摘录全书各章节标题，呈现全书结构层次，以方便读者检索的页面。目录页的字体、字号应和正文相协调，除篇、部级标题，一般用字不宜大于正文，必要时可考虑变化字体。章、节、项的排列要有层次，各类标题字体、字号须顺次由大到小、由重到轻、由宽到窄，区别对待，逐级缩格排版。目录页通常安排在正文之前，扉页或序文之后。（图2－38至图2－42）

5. **正文**

正文就是主体文章的内容。正文设计是书籍设计的重点，是关乎书籍成败的重要部分，好的设计能使读者真正领会书籍的意义所在。在正文设计中，文字首当其冲是内容的核心部分；其次是书籍的众多元素，如图片、色彩等，要将它们整合起来，进行统一设计。出色的正文设计关键是要把握住书籍的精神内涵。（图2–43至图2–47）

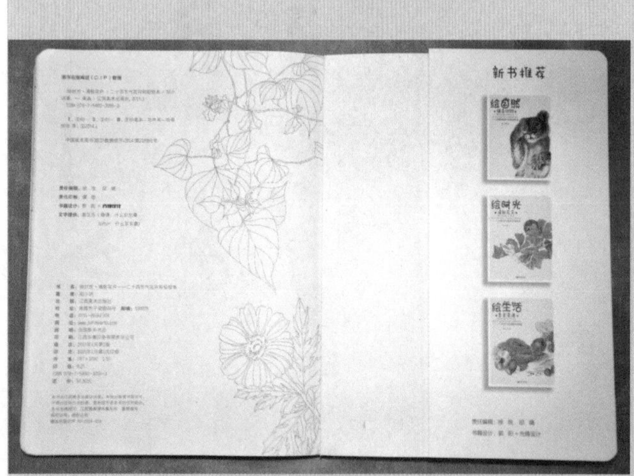

图2－36 《绘时光》版权页

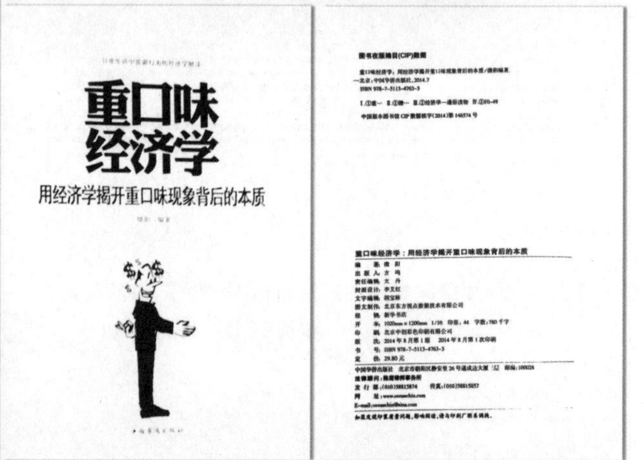

图2－37 《重口味经济学》封面、扉页及版权页

图2－38 《光影百年》目录

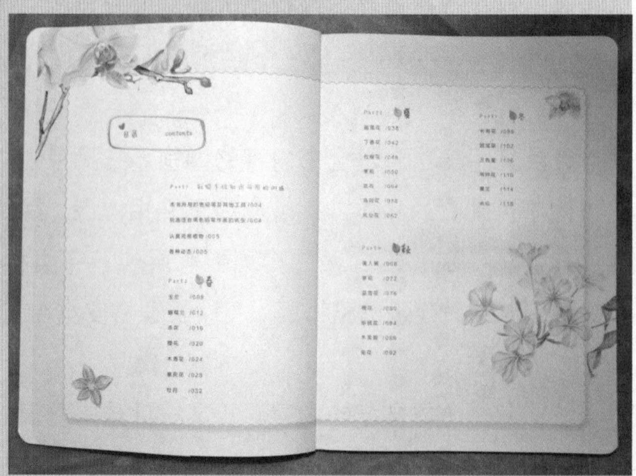

图2－39 《绘时光》目录

目录 contents

图2－40　《狂怒I》目录

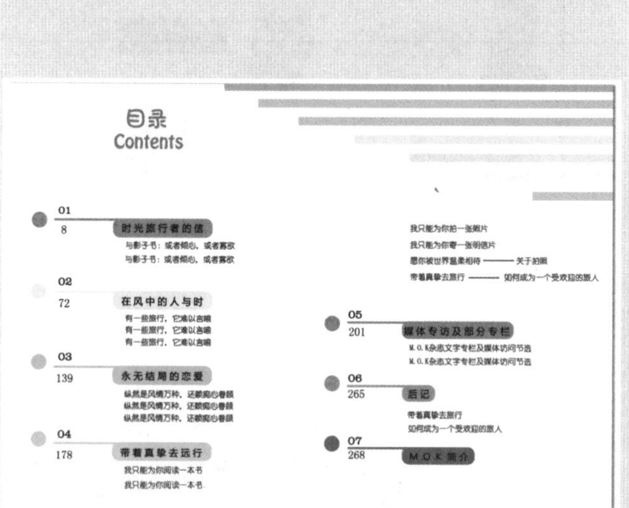
目录
Contents

图2－41　《请把我留在，最好的时光里》目录

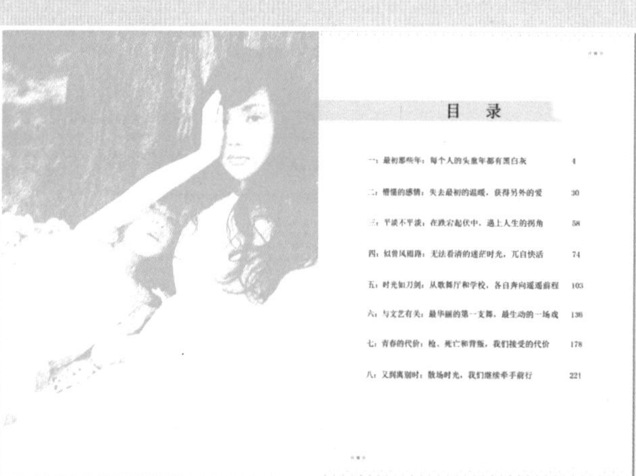
目　录

图2－42　《那些回不去的年少时光（上）》目录

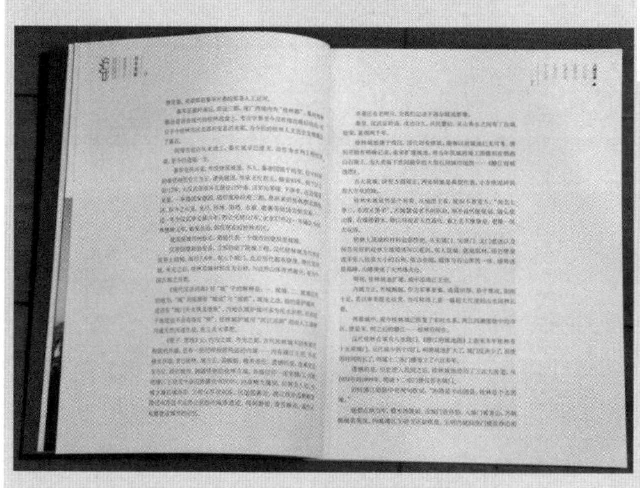

图2－43　《光影百年》正文

图2－44　《绘时光》正文

图2－45　《狂怒Ⅰ》正文

图2－46　《请把我留在，最好的时光里》正文

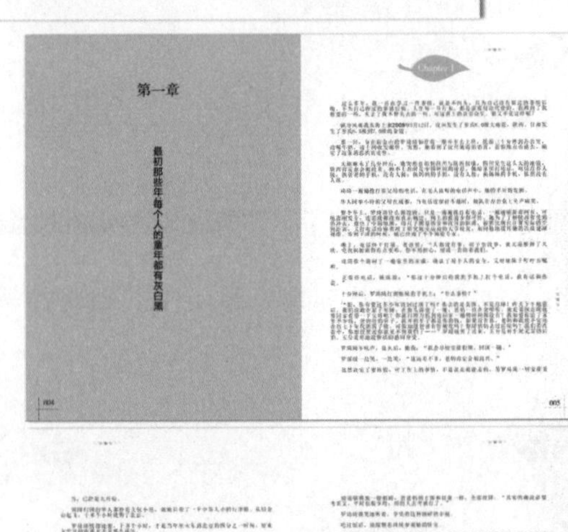

图2－47　《那些回不去的年少时光（上）》正文

随着生活水平的不断提高，人们的消费观念也逐渐发生变化，由对物质的追求逐渐转向对精神、文化的追求。越来越多的设计师开始注重书籍内页的设计，使读者在丰富知识的同时又感受到了审美的趣味。

6. 天头地脚

书籍的天头地脚是指版心的上下留白，上边的留白被称为“天头”，下边的留白被称为“地脚”。(图2-48)

7. 页眉

页眉是指每个页面的顶部区域，常用于显示文档的附加信息，可以插入公司徽标、文档标题或作者姓名等。页眉是天头的一个组成部分，在画册、VI、期刊等设计中较为常见。(图2-48)

8. 页码

页码是指书籍各个页面的编码，随着书籍设计的发展，页码的形式也变得丰富起来。对于读者而言，页码是可靠的参数，帮助定位信息。页码的摆放需要慎重考虑，因为它能对页面感觉与整体设计造成影响。(图2-48)

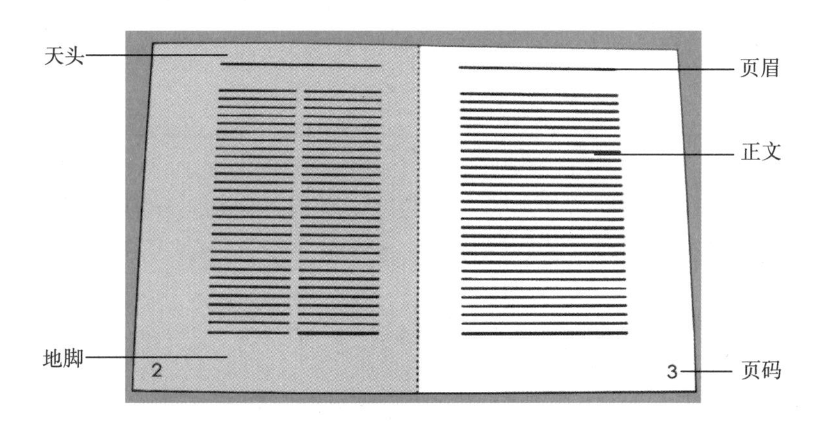

图2-48　天头地脚、页眉页脚及页码图示

二、辅文结构

辅文是相对于正文而言的，是指在图书内容中起辅助说明或辅助参考作用的内容，在整本书中起到总结与补充的作用。如内容提要、序言、补遗、附录、注文、参考文献、索引、后记等。

1. 序言

序和前言统称序言，是由作、译者或他人书写附记在正文之前的文章，用来说明写作意图、写作经过、资料来源、强调重要的观点或感谢参与工作的人员等项，或对本书内容做出评价。

2. 跋、后记

跋、后记是放在书末正文之后的文章。跋与后记主要内容有补充序与前言之不足，对稿件完成后的新情况加以说明，对他人在写作过程中给予的帮助致以谢意等。

3. 附注

注文是对文章中某句、某段文字或名词所加的解释或者材料的出处说明。

4. 附录

附录是附于图书正文后面的，与正文没有直接关系或虽与正文内容有关但不适宜放入正文的各种材料。从狭义的角度看，它包括对正文内容有所增补的文章、文件、图表等有关资料；从广义的角度看，它还包括参考文献、译名对照表、索引、大事年表等。

5. **索引**

索引是把正文中的一些专用名词摘录下来，按一定的内容分类，并标有页码，便于读者查找。

6. **参考文献**

参考文献页是标出与正文有关的文章、书目、文件并加以注明的专页，通常放在正文之后，其字号比正文文字小。

第三节　书籍的开本

一、开本的概念

开本是指书籍开数幅面形态的设计。一张全张的印刷用纸开切成幅面相等的若干张，这个张数为开本数。开本的绝对值越大，开本实际尺寸愈小。如16开本即为全开纸张开切成16张大小的开本，以此类推。

二、开本的尺寸及开数类型

开本尺寸是根据纸张的规格而来的，国际通用的纸张有两种规格：一种是787mm × 1092mm尺寸，称为正度纸；一种是850mm × 1168mm尺寸，称为大度纸。（图2－49）

	全开纸	对开成品	4开成品	8开成品	16K成品	32K成品
大度	889X1194(mm)	860X580(mm)	420X580(mm)	420X285(mm)	210X285(mm)	210X140(mm)
正度	787X1092(mm)	760X520(mm)	370X520(mm)	370X260(mm)	185X260(mm)	185X130(mm)

图2－49　常用纸张开本尺寸

全开纸张切成两张为对开纸，再切两张成为4开纸，依次类推还有8开纸、16开纸、32开纸、64开纸、128开纸等开数类型（图2－50）。还有其他开数类型，如6开纸、12开纸、20开纸、24开纸等。

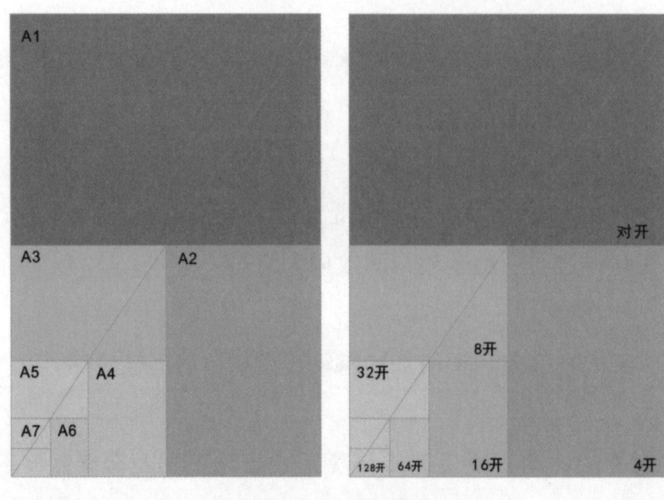

图2－50　开本类型

三、纸张开切方法介绍

纸张在书籍的成本中占有较大的比重，要尽可能节约和利用纸张，缩小纸张的浪费。同时，因为书籍的种类和性质的不同，采用的开本也可能不同。这些不同的要求只能在纸张的开切上来解决。

1. 几何级数开切法

几何级数开切法，也就是最常用的纸张开切方法。它的每种开法都以2为几何级数，其开法合理、规范，适用各种类型的印刷机、装订机、折页机，工艺上有很强的适应性。(图2－51)

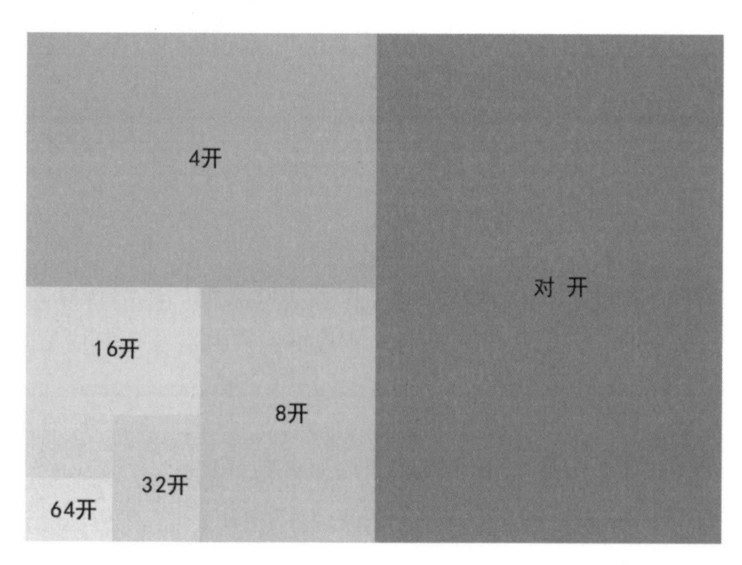

图2－51　几何级数开切法

2. 直线开切法

直线开切法也叫正开法，纸张有纵向和横向直线开切，它的特点是不浪费纸张的同时，开出的页数，双数、单数都有。(图2－52)

图2－52　直线开切法

3. 叉开法

叉开法是指将全开纸横竖搭配进行裁切的开法。叉开法通常用在正开法裁纸有困难的情况下。(图2－53)

图2-53　叉开法

4. 纵横混合开切法

纵横混合开纸法，又称套开法或不规则开切法，即将全张纸裁切成两种以上幅面尺寸的小纸，其优点是能充分利用纸张的幅面。混合开纸法非常灵活，能根据用户的需要任意搭配，没有固定的方式。(图2-54)

图2-54　纵横混合开切法

四、开本的选择

开本的选择要依据书籍的不同种类和性质。书籍开本代表着一本书的尺寸大小，也就是该书的面积大小。只有确定了开本的尺寸大小之后，才能根据装帧设计的意图确定版心尺寸、版面设计、插图和封面等整体构思。不同的开本有着不同的审美情趣，因此开本的设计需要从以下方面考虑：

1. 根据书籍性质种类选择开本

对于学术理论著作和经典著作、大型工具书等有一定文化价值的书籍，选择的开本要适中，常采用32开或者大32开，这种开本在案头翻阅时比较方便；对于诗歌、散文等抒情意味的书，则可以选择相对小一些的开本，这样会使书籍显得清新秀丽。常采用小型开本的图书有：儿童读物、小型工具书、连环画等。(图2-55)

图2－55　64开及32开书籍

2．根据书籍的图文容量选择开本

图文容量较大的书籍，如科技类图书、大专院校教材，其容量大、图表多，一般采用A4或16开的大中型开本。对于篇幅少、图文容量较小的书籍，如通俗读物、中小学教材等，多采用中小型开本。（图2－56、图2－57）

图2－56　高校教材通常采用16开等大中型开本

图2－57　中小学教材通常采用32开等中小型开本

3. 根据书籍的用途选择开本

画册、图片、鉴赏类、藏本类图书多采用大中型开本，阅读类图书多采用中型开本，便携类图书则多采用小型开本。(图2－58、图2－59)

图2－58　不同用途的地理介绍类书籍开本展示

图2－59　不同用途的中外文互译词典开本展示

4. 根据阅读对象选择开本

中老年读物要考虑中老年人视力较差的特点，书籍中的文字要大些，开本也要大些；儿童读物则应较多采用小开本或者异形开本以适合儿童的特点，并能够充分调动儿童的阅读兴趣。(图2－60、图2－61)

附：小贴士

书籍拼版页面的顺序

如何拼版是比较常用的，下面将常用的一些版式进行介绍。尺寸大小是以大度十六开为例，拼版后的尺寸为大度四开。

先从最简单的宣传16开单页单面拼版版式（图2－62）介绍，单页的大度16开通常为216mmx291mm（含出血），拼版后的四开尺寸为432mmx582mm（含出血）。大度16开单页双面拼版版式（图2－63），尺寸216mmx291mm（含出血），拼版尺寸432mmx582mm（含出血）。

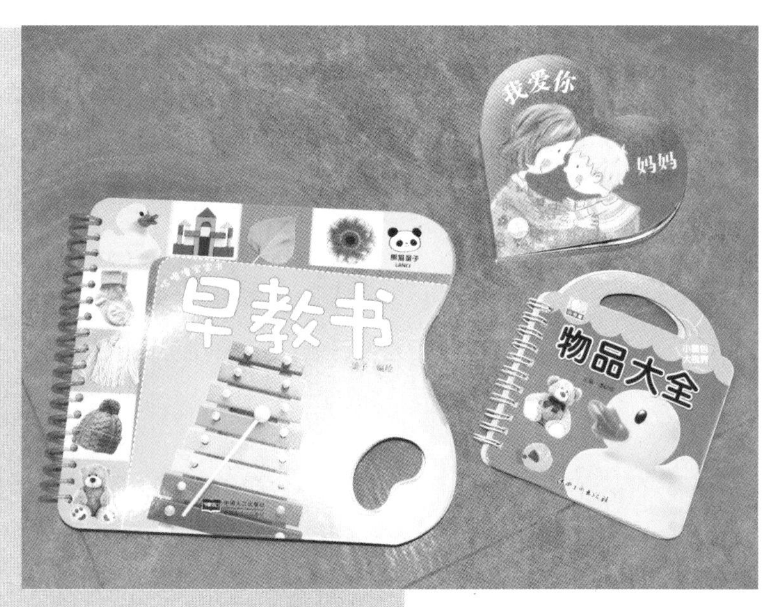

图2－60　异形开本儿童书籍

图2－61　异形开本儿童书籍

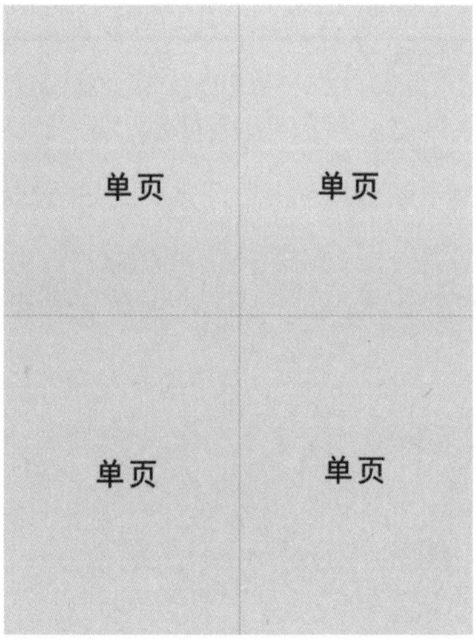

单页	单页
单页	单页

图2－62　16开单页单面拼版版式

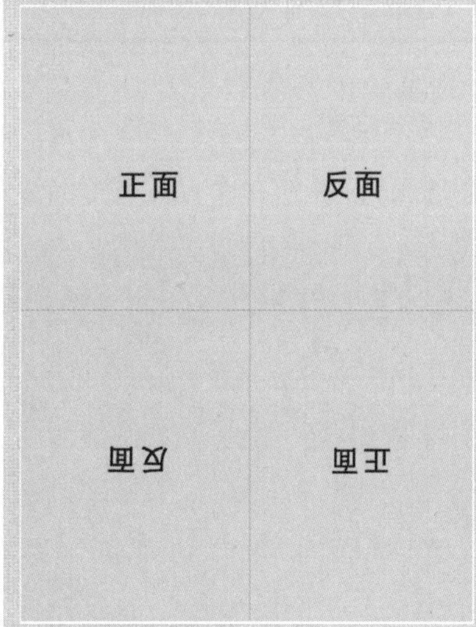

正面	反面
反面	正面

图2－63　16开单页双面拼版版式

四页拼版版式（图2－64），顺序是封面、封二、封三、封底，尺寸为：213mmx291mm（含出血），拼版尺寸为：426mmx582mm（含出血）。八页拼版版式（图2－65），顺序是封面、封二、1、2、3、4、封三、封底，尺寸为：213mmx291mm（含出血），拼版尺寸为：426mmx582mm（含出血），装订方式为：骑马订。

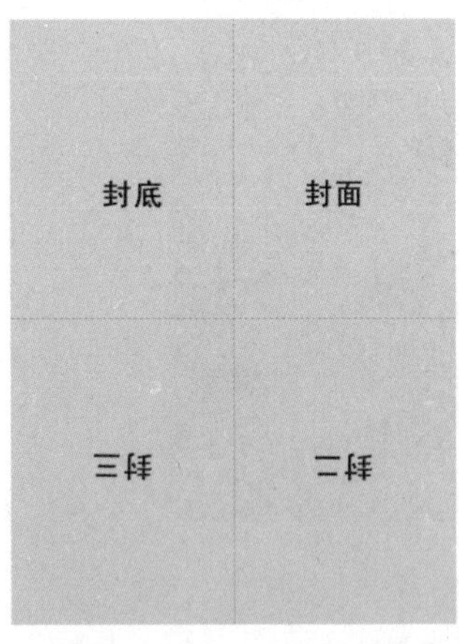

图2－64　四页拼版版式

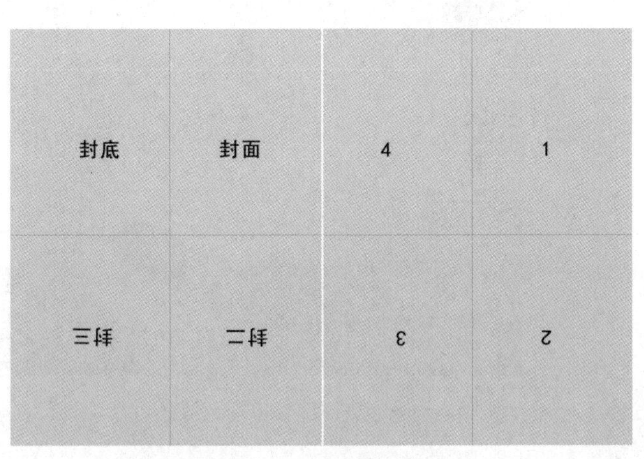

图2－65　八页拼版版式

十二页拼版版式（图2－66），顺序是封面、封二、1、……8、封三、封底，尺寸为：213mmx291mm（含出血），拼版尺寸为：426mmx582mm（含出血），装订方式为：骑马订。

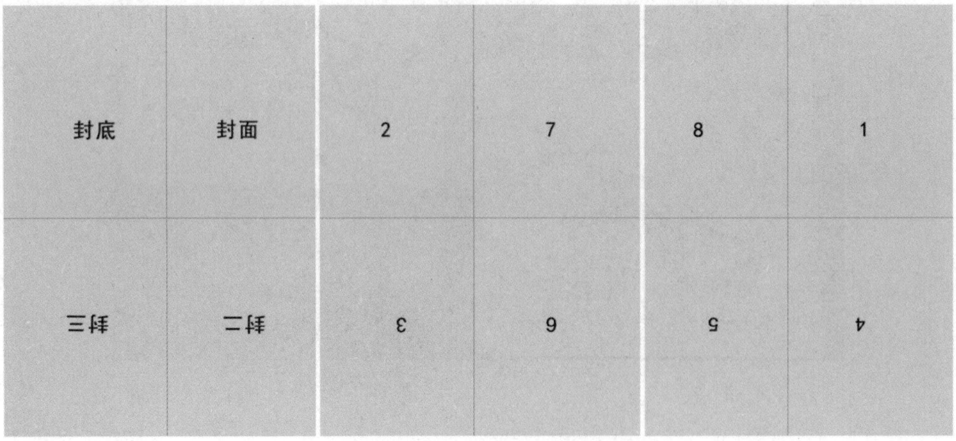

图2－66　十二页拼版版式

十六页拼版版式（图2－67），顺序是封面、封二、1、……12、封三、封底，尺寸为：213mmx291mm（含出血），拼版尺寸为：426mmx582mm（含出血），装订方式为：骑马订。

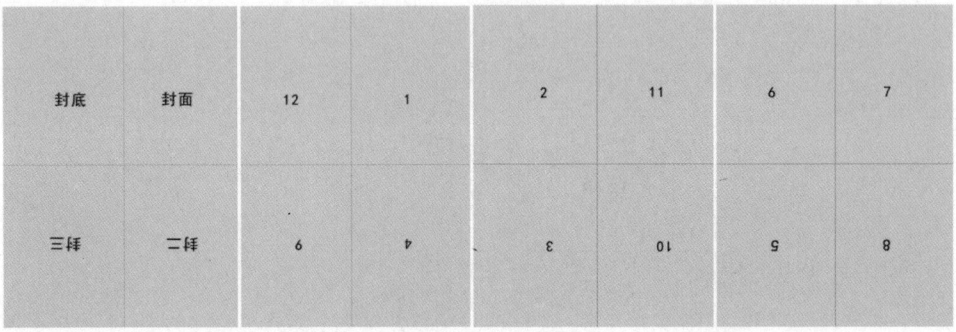

图2－67　十六页拼版版式

二十页拼版版式（图2－68），顺序是封面、封二、1、……16、封三、封底，尺寸为：213mmx291mm（含出血），拼版尺寸为：426mmx582mm（含出血），装订方式为：骑马订。

二十四页拼版版式（图2－69），顺序是封面、封二、1、……20、封三、封底，尺寸为：213mmx291mm（含出血），拼版尺寸为：426mmx582mm（含出血），装订方式为：骑马订。

二十八页拼版版式（图2－70），顺序是封面、封二、1、……24、封三、封底，尺寸为：213mmx291mm（含出血），拼版尺寸为：426mmx582mm（含出血），装订方式为：骑马订。

封底	封面	16	1	2	15
封三	封二	13	4	3	14

12	5	6	11
9	8	7	10

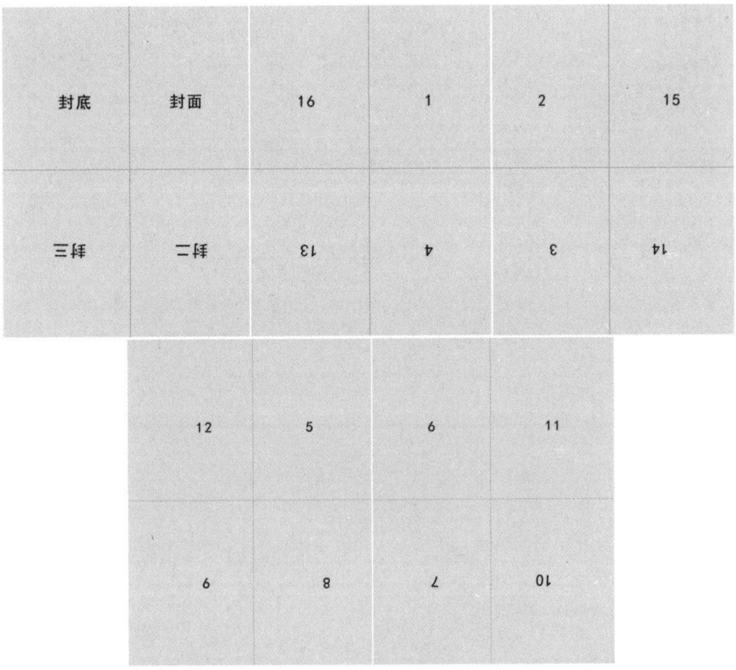

图2－68　二十页拼版版式

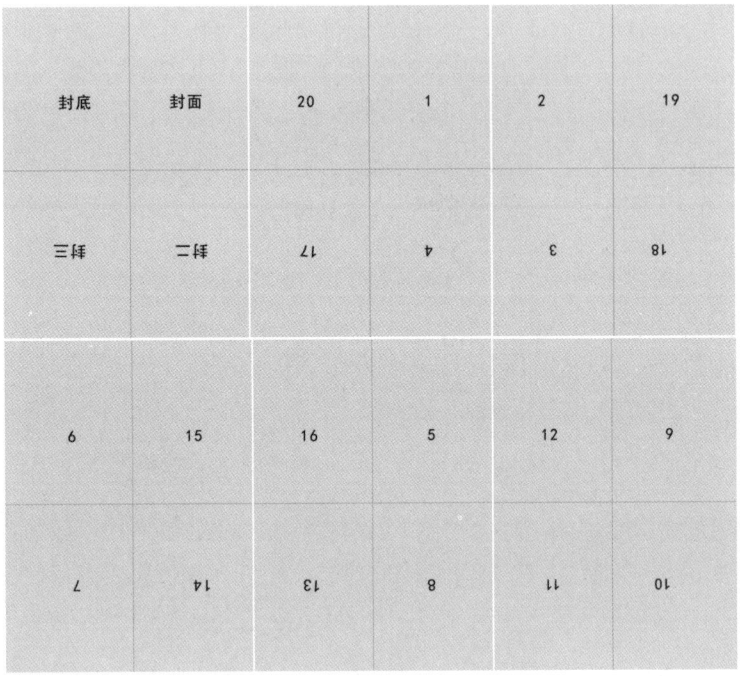

封底	封面	20	1	2	19
封三	封二	17	4	3	18
6	15	16	5	12	9
7	14	13	8	11	10

图2－69　二十四页拼版版式

封底	封面	24	1	2	23	20	5
封三	封二	21	4	3	22	17	8

6	19	16	9	10	15
7	18	13	12	11	14

图2-70　二十八页拼版版式

本章思考与练习

1. 书籍的外部结构中，主要结构有哪些。
2. 封面和书脊对于书籍有什么作用?
3. 常用的大16开及正32开的开本尺寸分别是多少?
4. 选择开本时需要考虑哪些因素?

第三章　书籍的材料与印刷装订

◆ 学习要点及目标：

了解书籍纸张材料的种类及特点。

了解书籍的常用印刷工艺。

掌握书籍的装订形式及书籍的装订方法。

◆ 核心概念：

印刷工艺、精装、平装、散装、骑马订、锁线订、无线胶订。

◆ 引导案例：《Send a Letter》邮递品装帧设计（图3－1）

这是约翰森·班克斯设计公司为参加英国伦敦维多利亚和阿尔伯特博物馆的一年一度的夏季节日，而以他们自己的工作室作为出发点，设计的以字母为表现形式的明信片。每一张卡片都由双面压纹纸板制作，一面是非常明亮的颜色，而在背面则轻柔和淡化。设计者选择了26个不同的“胖”（fat）字体，这样可以使每个字母都足够方便于进行模切。为了贴合邮政卡片的特点，设计者进行了一些刻意的设计，比如背面印制的镀银方框表明它是粘贴邮票的位置。并以复杂的手工整理把单个字母捆在一起或者将26个字母排成一排，形成一种五彩缤纷的效果。特色纸张和印刷工艺的选择为该邮递品的整体装帧设计增加了亮点。

图3－1　《Send a Letter》邮递品装帧设计
Johnson Banks作品

第一节　书籍装帧的材料

一、纸文化的魅力

造纸术是我国古代四大发明之一。公元105年，蔡伦总结前人经验，发明了造纸术。他以树皮、麻头、破布、旧渔网等为原料进行造纸，大大提高了纸张的质量和生产效率，扩大了纸的原料来源，降低了纸的成本，为纸张取代竹、帛开辟了新的前景，为文化的传播创造了有利的条件。公元8世纪，造纸技术首先在阿拉伯国家传开，后又经阿拉伯传到北美和欧洲。同时，由于发明了雕版印刷术，大大刺激了造纸业的发展，造纸区域进一步扩大。造纸术同众多科学发明一样，随着国家经济水平的发展与文明程度的提升，在接下来的每一个朝代都得到改革与升华。随着现代社会科学技术的飞速发展，制纸工序已经完全机械化，人们对纸张的需求也促使纸张的品种、结构起了较大的变化，纸张种类的发展更是日新月异，五花八门，成为我们日常生活中最常用的物品之一。

纸之美，美在自然。它的纤维经纬、触感气味、材料色泽，无不流露出纸的特质与风格。不同的纸张由于材质的不同，呈现出不同的触摸感、挂墨性、耐磨性与平整性，纸张的美为人们的精神空间增添了无穷的享受与愉悦。纸张的褶皱叠纹、凸凹起伏，透过光的穿越，展现既丰富又含而不露的微妙层次感，纸张中的纤维经过搓揉、磨压，具有耐用结实的实用功能与不可思议的文化韵味。纸在交流思想、传播文化、发展科学技术和生产方面，是一种强有力的工具和材料。纸张作为书籍装帧设计的重要材料，是信息传播的重要媒介和建立视觉传达的重要平台。在书籍设计中，纸张在幕后默默地陪衬着图文，彼此相依、交融，占有着无可替代的地位。若能将纸张的“性格”与书籍的风格完美地结合在一起，则会为书籍设计的表现增添更广阔的空间。(图3－2、图3－3)

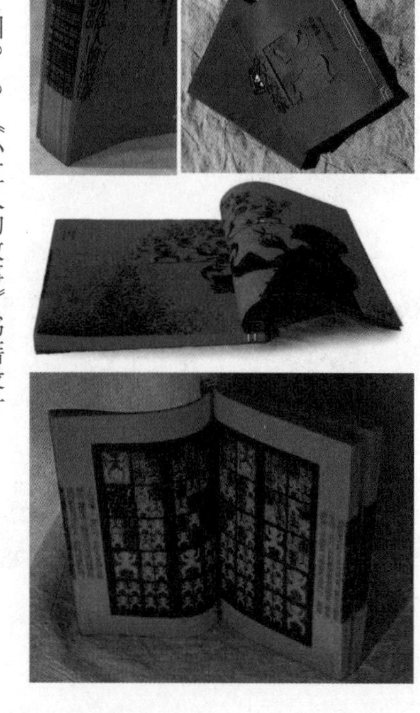

图3－2《小红人的故事》书籍设计（2003年『中国最美的书』）全子作品

图3－3《乐舞敦煌》书籍设计（2014年『中国最美的书』）曲闵民　蒋茜作品

二、书籍常用纸张材料的种类及特点

纸张的重量通常是以定量和令重表示的。定量是指纸张单位面积的质量，用克／平方米表示，即纸张每平方米的克重。如150g的纸是指该种纸每平方米的单张重量为150g。凡纸张的重量在250g／m^2以下（含250g／m^2）的纸张称为“纸”，超过250g／m^2重量的纸则称为“纸板”，有时也称为“卡纸”。一般情况下，同一种纸张的克重越大，其厚度也随之增加。令重是指每令纸的总质量，单位是以kg（千克）计算，1令纸为500张，其中每张纸的大小一般规定为标准规格的全开纸。根据纸张的定量和幅面尺寸，令重可以采用以下公式计算：令重＝（单张纸面积×定量×500）÷1000。(图3－4)

图3－4　纸张样本

纸张是书籍装帧设计中一个重要的组成，不同的纸张所印制的效果也有所不同，设计者在进行书籍设计的过程中要对所需纸张材料的功能、用途、特点等有充分认识，重视纸张自身的审美特性。书籍常用纸张材料大致如下：

1．**新闻纸**

俗称白报纸，其特点是松软多孔，有一定的机构强度，吸收性好，能使油墨在很短时间内渗透固着，折叠时不会粘脏，用于在高速轮转机上印刷报纸、期刊及一般书籍。新闻纸的定量为51克／平方米。新闻纸印刷适应性强，不透明，但白度较低，表面平滑度不同，印刷图片时应使用较粗网目，光照后容易变黄发脆，不宜长期保存。平版印刷时必须严格控制版面水分。

2．**凸版纸**

一种适于凸版印刷机印刷各种书籍、文体用品和杂志正文的纸张，定量为52克／平方米和60克／平方米。凸版纸是凸版印刷杂志、书籍的用纸，它也是专用于凸版印刷的纸张。凸版纸的特有属性是纤维组织比较均匀、细腻，除此外纤维间的缝隙填充一些胶料和填料，同时还有经过了漂白工艺的处理，这就使这种纸张能适用于印刷。和新闻纸不一样，新闻纸吸墨性强，但凸版纸吸墨均匀，颜色比新闻纸白。凸版纸的厚薄很均匀、正文不透印、不会起毛、稍有抗水性能。适用于多种书刊科技图书、重要著作、学术刊物和大中专教材等的正文用纸。

3．胶版纸

胶版纸是供胶印机使用的书刊用纸。适于印制单色或多色的书刊封面、正文、插页、画报、地图、宣传画、彩色商标和各种包装品等。胶版印刷纸分为特号、1号和2号，定量从70克／平方米至150克／平方米。纸浆具有较高的强度和适应性能。胶版纸是比较高级的书刊印刷纸，定量为40克／平方米至80克／平方米。胶版纸分为单与双两类，有普通亚光和超级亚光两种级别。胶版纸的纸质较轻，质地松软，表面的触感与肌理比较明显，胶版纸的质地紧密，平滑度较好，不透明，颜色白度好，对油墨的吸收均匀，抗水性强。但其色彩、细节还原性能相对比较弱。这种纸是目前较常见的书籍装帧材料，是在出版社与印刷厂纸库中常备不缺的品种。

4．铜版纸

铜版纸又名印刷涂层纸，是将原纸上涂布一层白色浆料，经过压光而制成的纸张类型。由于有了涂层，铜版纸表面光滑，白度较高，纸质纤维分布均匀，厚薄一致，对于油墨的吸收和还原效果非常突出，伸缩性小、有较好的弹性和较强的抗水性能与抗张力性能。根据纸张的肌理来划分，可分为亚光铜版纸、亮光铜版纸。多用于绘画、雕塑、摄影等表现图像为主的书籍，是纸张类型中经常用于图画类书籍的纸张。它分单面涂布和双面涂布两种，两种中又分特号、1号、2号、3号，定量为80克／平方米至250克／平方米。

5．牛皮纸

牛皮纸是坚韧耐水的包装用纸，呈棕黄色，用途很广，常用于制作纸袋、信封、唱片套、卷宗和砂纸等。定量范围为40克／平方米至120克／平方米，有卷筒纸和平板纸，又有单面光、双面光和带条纹的区别。主要的质量要求是柔韧结实，耐破度高，能承受较大拉力和压力不破裂。(图3－5)

6．凹版纸

用于印刷各种彩色印刷品、期刊、连环画、画册、邮票和有价证券的纸张，其规格和尺寸基本上与新闻纸、凸版纸和胶版纸相同。凹版纸印刷要求有较高的平滑度和伸缩性，纸张白度应较高，有较好的平滑度和柔软性。

7．哑粉纸

哑粉纸又称为无光铜版纸，在日光下观察，与铜版纸相比，不太反光。用它印刷的图案，虽没有铜版纸的色彩鲜艳，但图案比铜版

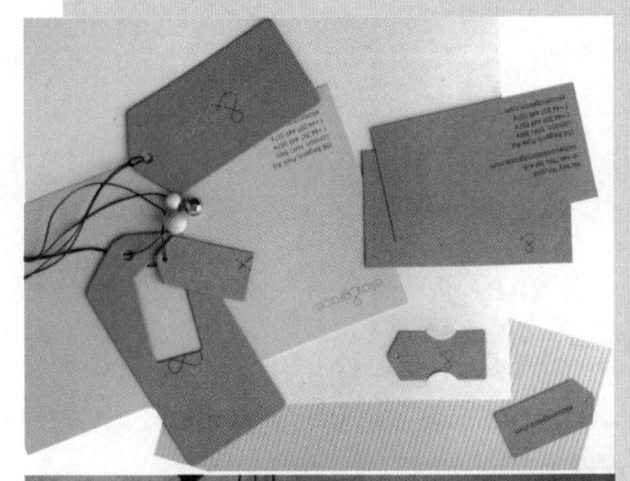

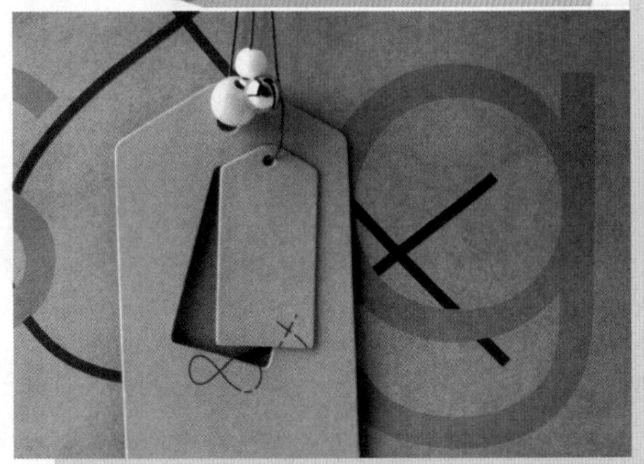

图3－5 《Elias＆Grace形象识别》标签
Leigh Simpson作品

图3-6 《设计诗》封面　朱赢椿作品

纸更细腻，更显高档。一般哑粉纸会比铜版纸薄并且白，更加容易吃墨，并且比较硬，不会像铜版纸那样很容易变形。哑粉纸造价较铜版纸贵。

8. **装订纸板**

书箱装帧的重要材料，有白纸板、黄纸板、箱纸板、瓦楞纸板等，主要用于制作精装书壳和函套。以纸板为骨架的精装书壳，具有坚固、美观、有利于长期保存的优点。(图3－6)

三、书籍装帧其他材料运用

书籍已经伴随着人类走过了数千年之久，它承载了人类宝贵的精神财富。纵观我国从古至今书籍材料的选择与运用，经历了殷商时期的甲骨、秦汉的竹简到东汉纸张的发明；西方古巴比伦和亚述人的泥板、古罗马人使用的蜡版、古埃及人的莎草纸以及曾经在欧洲流传的羊皮纸，无不洋溢着先人们的聪明与智慧。

不论是原始的书籍形式，还是现代的书籍形式，材料在其演变和发展过程中都起到了关键性的作用。包豪斯学院的伊顿教授曾经直言：“无论何种材料肌理都是装帧设计创意的灵感源泉，都是潜在的不容小觑的设计语素。发现新的材料质地、研发新的工艺，才能更为深入地挖掘这些设计语素。”对于书籍设计者来说，选择怎么样的材料来进行装帧设计是十分重要的，一些肌理质感不强的材料，可以运用镂空、起皱压、定型叠加和凹凸裁切等方式来加以表现，这样设计出来的肌理在层次上更为丰富，在造型上更为多变，既表现出各类材料原本的肌理形态，又充分彰显了现代人对创造美、个性张扬的追求。(图3－7)

图3－7　《31.05.13》封面　Ali Emre Dogramaci作品

随着装帧设计的发展，越来越多的材料被应用到书籍设计中，不同材料有不同的修饰质感，常被运用于书籍的封面和函套设计之中。除纸张之外的其他书籍装帧常用材料有木质、皮质和纤维材料三大类。

1. ***木质材料***

木质材料具有一定的抗压、抗冲击特性，保护性较好。但其在印制加工上有一定的难度，主要采用烫印、镂空等方式来处理。(图3－8、图3－9)

2. ***皮质材料***

皮质材料主要是牛皮、猪皮、羊皮、人造皮等，其材料特点是质地好、易弯曲、耐脏。在印制加工上与木质材料类似，采用烫印、镂空方式处理，常用于高档书籍的装帧设计。(图3－10、图3－11)

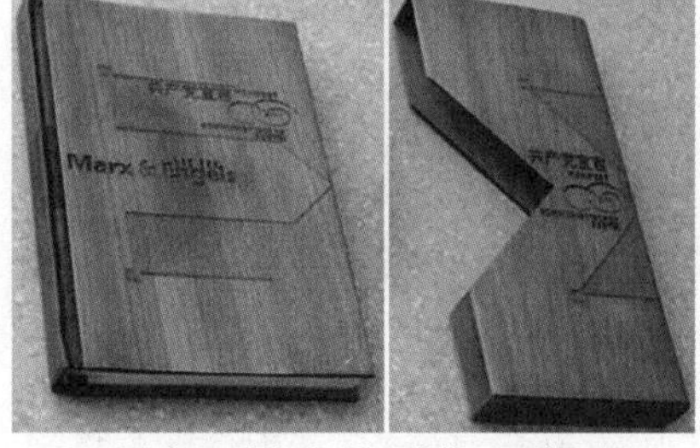

图3－8 《共产党宣言》木质材料封面及函套 吕敬人作品

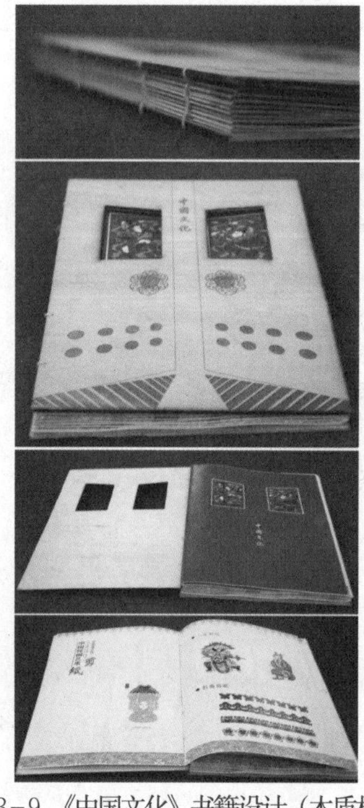

图3－9 《中国文化》书籍设计（木质材料封面） 陈同恒作品 指导老师：马莉

图3－10 皮质材料函套 吕敬人作品

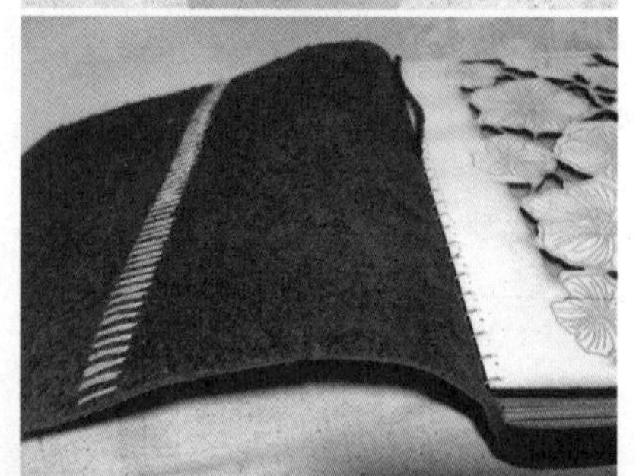

图3－11 皮质和木质材料相结合的书籍设计 蒋玉雯作品 指导老师：马莉

3. **纤维材料**

纤维材料种类繁多，主要有棉、麻、丝织品等，它们的可塑性强，能通过凹版印刷、丝网印刷等不同方法修饰，营造不同效果。(图3－12至图3－14)

图3－12　麻布材料函套

图3－13　纤维材料在书籍及其衍生产品设计中的运用

图3－14　《格子铺》书籍设计（纤维材料封套）
畅茜茜作品　指导老师：马莉

第二节　书籍印刷工艺

一、印刷工艺对书籍装帧设计的影响

我国历史上书籍的制作从效率低下的手抄到宋朝的活字印刷再到现代印刷，经历了翻天覆地的变化。印刷工艺的进步使书籍制作效率有了大幅度的提高，其新技术、新材料的使用也促进了书籍装帧设计的发展。书籍的大多视觉形式都要通过印刷这一重要程序呈现给读者。印刷精美、工艺精良的书籍不仅会提升书籍的品位和档次，而且会让读者欣赏把玩、爱不释手，沉浸在印刷所带来的视觉与触觉享受之中。

二、书籍的常用印刷工艺种类

印刷是书籍装帧的重要手段，其种类以平版、凸版、凹版印刷和丝网印刷为主。印刷的合理运用是书籍设计作品体现的重要因素，了解印刷工艺流程、合理运用印刷工艺，才能更好地为书籍装帧设计服务。

1. 平版印刷

平版印刷是指图文部分与空白部分几乎同处于一个平面的印版，印版的材料多为多层金属版，印刷时印版上的图文先印到橡胶滚筒上，然后再转印到印物上。平版印刷是利用水、油不相溶的客观规律进行的印刷。它不同于凸版印刷，也不同于凹版印刷，除油墨之外，必须也有水，水墨平衡是平版印刷研究的基础。在整个平版印刷过程中，需要解决印版、供水量、纸张、油墨以及印刷环境之间的矛盾。(图3－15)

2. 凸版印刷

凸版印刷是印版上的图文部分处在同一个平面上，但高于其他空白部分。涂有油墨的油墨棍滚过印版表面，凸起的部分被油墨覆盖，然后印版与承印接触，印版图文附着油墨，便于转印到承印物表面。凸版印刷技术是第一种被商业出版广泛使用的印刷工艺，过去凸版印刷术只能利用活字印刷文字信息，但现在，图像雕刻版也开始出现在凸版印刷中。(图3－16)

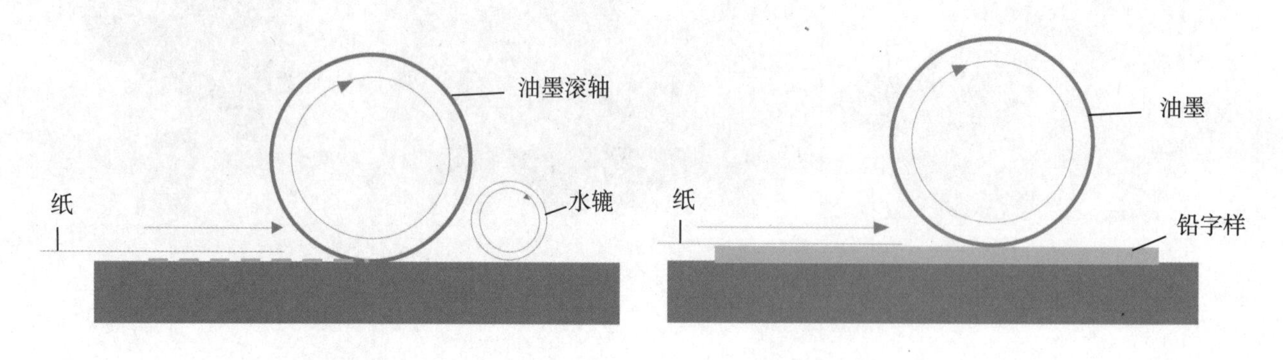

图3－15　平版印刷图示

图3－16　凸版印刷图示

3. 凹版印刷

凹版印刷是指印版版面的印刷部分被腐蚀或雕刻凹下，且低于空白部分，将油墨充满凹陷，印纹从其中抽出。凹版印刷具有成品图文精美、墨色厚实、具有立体感、生产速度快、成本低等特点，一般用于数量较多的印刷物中。(图3－17)

4. 丝网印刷

丝网印刷就是用尼龙、涤纶或者金属丝编织得很细的纱网，在上面涂一层感光胶，经与阳像图片密合曝光，冲洗，将未曝光固化的地方洗掉，形成可以透过油墨的图文部分。然后将丝网覆盖在被印物上，用刮墨刀刮涂丝网上的油墨并透过图文部分印刷到被印物上。丝网印刷对印刷条件的要求相对较低，不需要更多的设备就可以印刷，特别是不规则的曲面印刷或少量的图书印刷等的印制，在书籍封面印刷中占有特殊地位。(图3－18)

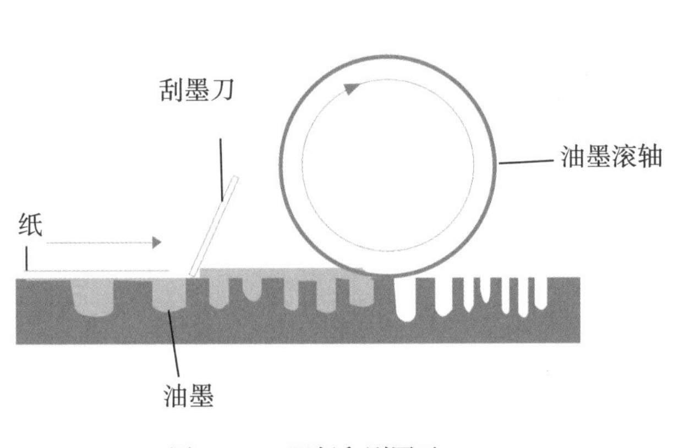

图3－17　凹版印刷图示

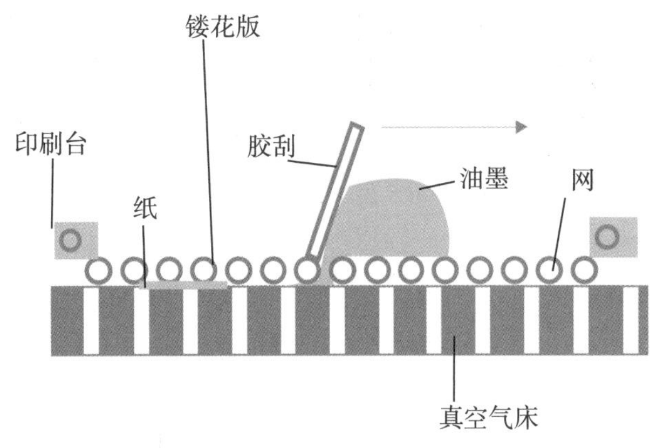

图3－18　丝网印刷图示

第三节　书籍装帧后期工艺

一、后期工艺对书籍装帧设计的作用

读者在阅读过程中的视觉感受和触觉感受与心灵感受是一样值得重视的。在进行书籍装帧设计的过程中，通过后期工艺设计可以给一本平凡的书籍带来新的视觉冲击力。在准确体现内容的前提下合理运用一定的书籍后期工艺，能更好地体现书籍设计所带来的空间、节奏与层次的流动之美和秩序之美，使其功能与审美统一，整体和细节兼备。例如：起凸、压凹的效果使画面更有立体感；而烫金的感觉又给人以高贵的感觉等，要根据书籍的内容赋予书籍不同的工艺效果。（图3－19）

图3－19　压凹及烫金工艺处理过的封面
Victionary作品

二、书籍装帧后期工艺介绍

当印刷油墨转移到承载物上之后，紧接着就会开始进行后期加工。印刷的后期加工是整个印刷中的最后一道工序，它包括各式各样的工艺技术，如模切、起凸、压凹、烫箔等，对这些工艺的正确运用可以带给书籍设计更强的表现力，提升整个书籍装帧设计的创意价值。

1．上光油

上光油是在印刷品的表面涂布一层无色透明涂料的后期加工工艺，这样可以使印刷品表面形成一层光亮的保护膜以增加印刷品的耐磨性，还可以防止印刷品受到污染。上光油工艺能够提高印刷品表面的光泽度和色彩的纯度，提升整个印刷品的视觉效果。也可以根据设计需要进行局部上光油，从而突出特

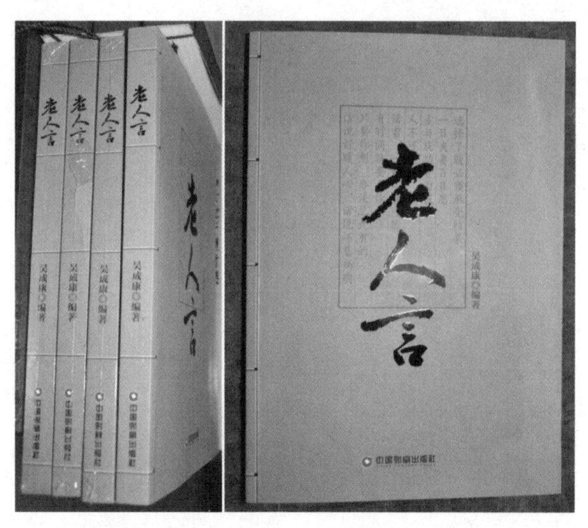

图3－20　《老人言》标题字上油光工艺处理过的封面

定主体的视觉效果。一般来说上光油工艺包括光泽型上光、亚光上光、特殊涂料上光三种，是较为常用的一种书籍后期加工工艺。(图3－20)

2．模切

为了在设计作品中表现丰富的布局层次和趣味性的视觉体验，设计者往往利用模切工艺对印刷品进行后期加工。模切是印刷品后期加工的一种裁切工艺，可以把印刷品或者其他纸制品按照事先设计好的图形制作成模切刀版进行裁切，从而使印刷品的形状不再局限于直边直角，使书籍设计更有创意。(图3－21)

图3–21　模切工艺处理过的少儿读物

3．折叠

纸张的折叠是赋予书籍等印刷品设计使用功能的一种方式。不同的折叠方法可以让书籍具备不同的阅读方式，是设计者进行创意发挥的一个必不可少的重要切入点。(图3－22)

4．起凸和压凹

将所设计的图案轮廓通过一种特殊的加工工艺在平面印刷物上形成立体三维的凸起或者凹陷效果，这种加工工艺就是起凸工艺和压凹工艺。由于起凸和压凹加工造成了纸张的浮雕效果，因而能够强化平面印刷物中的某一个设计元素，进而增强整个书籍设计的视觉感染力。一般来说，起凸和压凹适合在厚纸上加工，因为厚纸比薄纸更能保证最后浮雕效果的强度和耐磨性。(图3－23)

5．烫箔

烫箔习惯上又叫“烫金”或者是“过电化铝”，以金属箔或颜料箔，通过热压转印到印刷品或其他物品表面上，以增进装饰效果。(图3－24)

图3－22　特殊折叠方式的书籍

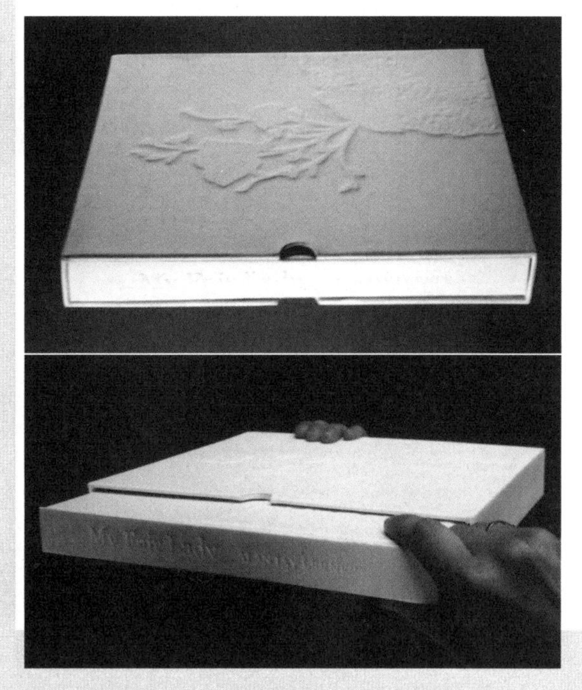

图3－23　《窈窕淑女》书籍设计
（函套起凸和书脊压凹工艺处理）

图3－24　局部起凸和烫金工艺处理过的封面
Victionary作品

6. **毛边**

纸张边缘会在造纸的过程中产生粗糙的毛边，一般来说机器造纸会有两个毛边，而手工造纸会有四个毛边，纸张毛边的发生是造纸的正常现象，毛边往往会在后期加工中被裁掉，但是设计师可以有意识地利用这种毛边效果进行设计创作，能够带给设计品耳目一新的感觉。另外，通过手撕纸也可以产生毛边，这种方法非常简单且容易操作。（图3－25）

图3－25　《黑皮书》书籍设计（纸张边缘毛边工艺处理）
Marta Cortese作品

7．**切口**

切口装饰是一种特殊的书籍切口装帧技术，它利用书籍书口的厚度作为印刷平面进行印制。最早人们通过镀金镀银的方法在书口进行绘饰，以保护书籍的页边。而现在主要利用切口装饰来增添书籍设计的装饰效果。（图3－26）

图3－26　《Zlin青年沙龙》切口

8. **打孔**

打孔是利用机器在纸面上冲压出一排微小的孔洞，这样纸面一部分可以通过手撕方法与其他部分进行分离，因而这样的方法又称“撕米线”。(图3－27、图3－28)

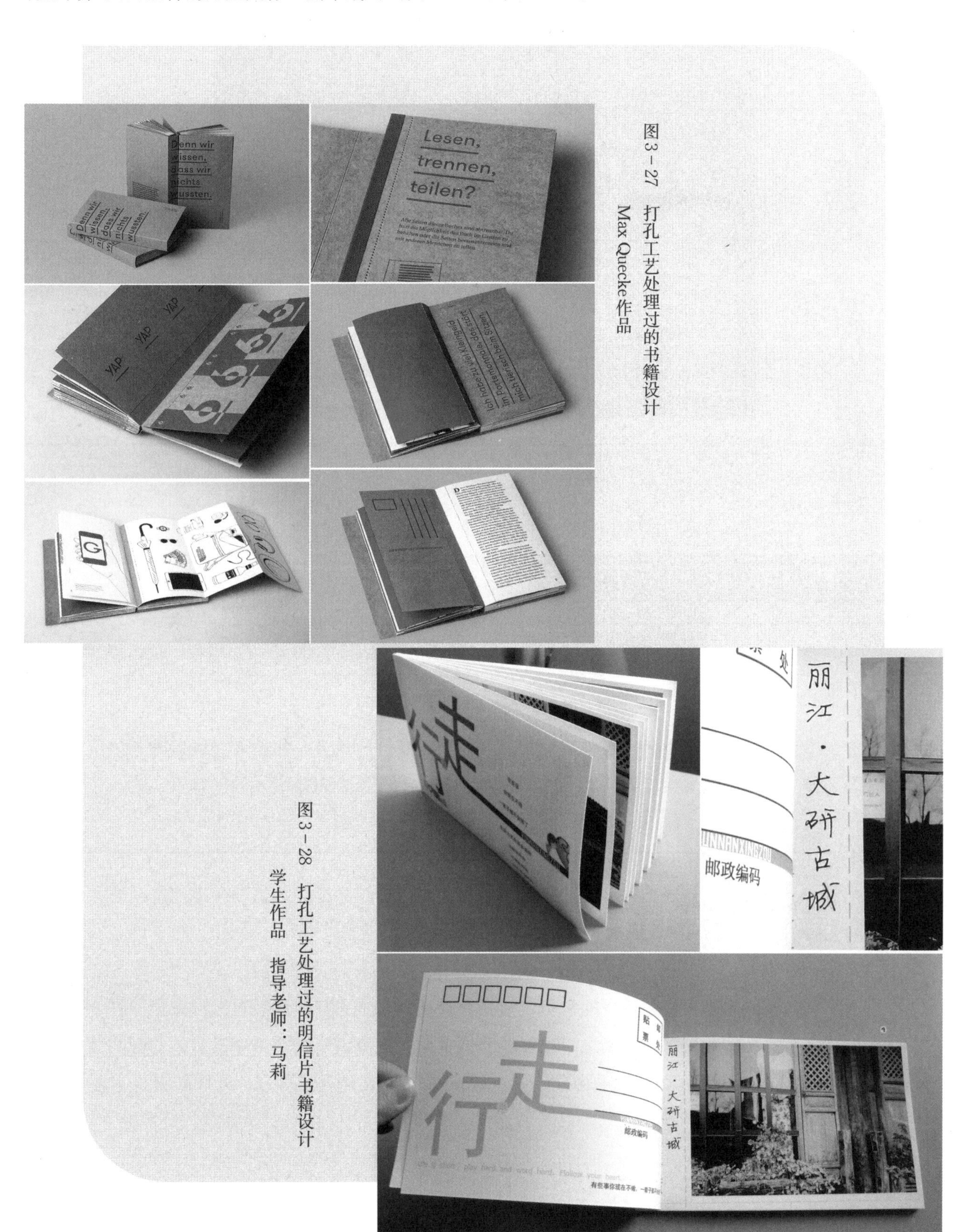

图3－27　打孔工艺处理过的书籍设计　Max Quecke作品

图3－28　打孔工艺处理过的明信片书籍设计　学生作品　指导老师：马莉

9. *覆膜*

塑料薄膜涂上黏合剂后，与以纸为承印物的印刷品，经滚筒加压后黏合在一起，形成纸塑合一的覆膜产品。(图3－29)

图3－29　覆膜工艺处理过的教材参考书封面

第四节　书籍装帧的装订形式及方法

一、书籍的装订形式

我国的图书装订，经过简策装、卷轴装、旋风装、经折装、蝴蝶装、包背装、线装等长达两千多年的演变之后，到了近代，随着西方近代印刷术的传入与发展，在西方书籍装帧的影响下，进入了新的装订时代。

1. *精装*

精装书籍，成本较高，售价高于平装。通常用于页数较多、经常使用、需要长期保存、要求美观和比较重要的图书。它的封面和封底要求用硬质或半硬质的材料。(图3－30)

2. *简装*

简装（平装）被认为是由中国传统的包背装演变而来，外观上它与包背装可以说完全一样，但它与中国传统的线装也有相似之处。包背装之所以能演变成平装，与其说是受西方书籍装帧的影响，不如说它是书页的单面印刷转变到双面印刷的必然产物。简装书籍一般分为骑马订、无线胶订、锁线订等多种。(图3－31)

3. *散装*

散装装订形式是把印刷品按照同等大小切割完毕之后，用纸夹或盒子装起来，通常使用于能够独立构成一个内容的出版物。(图3－32、图3－33)

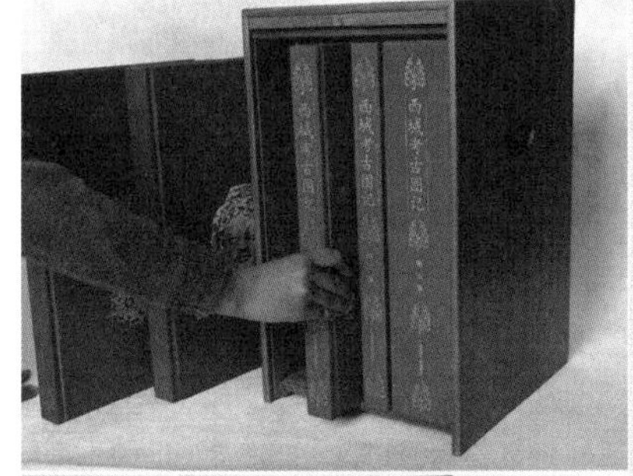

图3－30 《西域考古图记》精装书籍
吕敬人作品

图3－31　简装书籍　杉浦康平作品

图3－32　散装书籍设计

图3－33　散装书籍设计
林紫伊作品　指导老师：马莉

二、书籍的常用装订方法

1. 骑马订

骑马订通常指的是“铁丝平订”。在装订过程中，书籍内页部分事先并不订合成书芯，而是配上封面后再整本书折在一起直接在书脊折口穿铁丝订合，并在内页纸张的另一侧将铁丝弯曲固定，再一起切齐。采用骑马订方法装订的书籍成品，封面与内页的纸页大小完全相同并且齐整，而书脊则既窄又呈圆弧形、且明显露出订书所用的铁丝，所以不能印刷文字。骑马订的装订周期短、成本较低，但是装订的牢固度较差，而且使用的铁丝难以穿透较厚的纸页。所以，书页超过32页（64面）的书刊，不适宜采用骑马订装订。(图3－34)

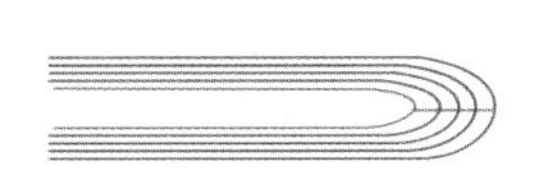
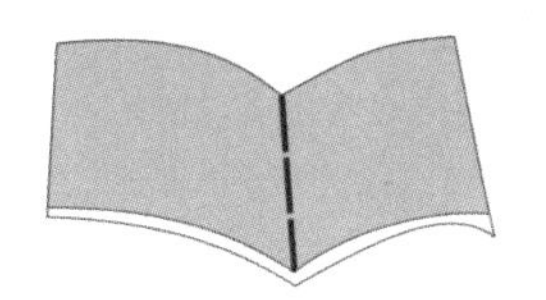

图3－34　骑马订图示

2. 平订

平订的装订方法是把印制好的书页经过折页、配贴成册后，将配好的书贴相叠后在订口一侧离边约5毫米处用线或铁丝订牢，钉口在内白边上。(图3－35)

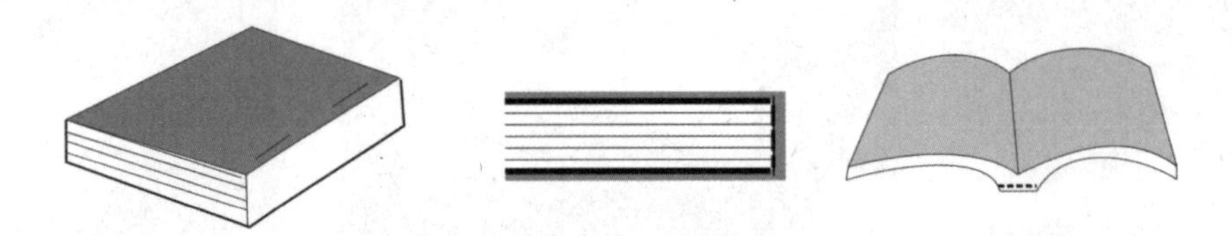

图3－35　平订图示

3. 锁线订

锁线订最常用的装订方法是“Smyth”装订法，它是一种将装订线穿过书脊并将书籍内页穿在一起的装订方法。使用这种方法的好处是书籍内页被装订在一起后，还可以平铺展开。锁线订与骑马订一样，都不占订口，都可以摊开放平阅读，但锁线订更牢固，成本较高，大多用来装订结实、持久耐用的书籍。锁线订分手工锁线和自动锁线机锁线两种装订方法。(图3－36)

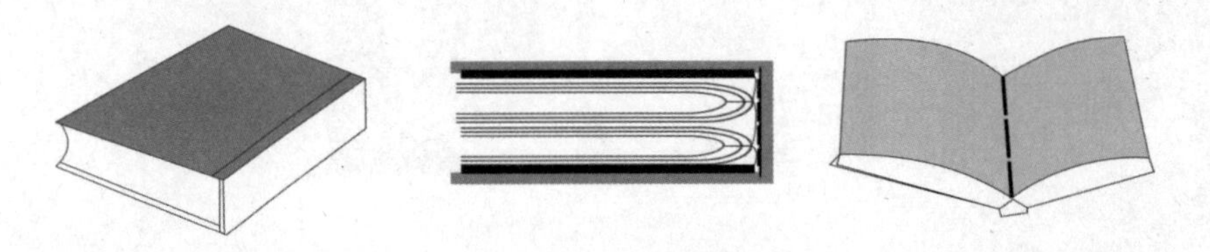

图3－36　锁线订图示

4. 无线胶订

书籍的书帖和内页完全靠胶黏剂黏合，不锁线的装订方式称为无线胶订。这种装订方法经济快捷，有不占订口、阅读方便的优点。缺点是不很牢固，有时易出现书页脱落。近年来印刷量较大的书籍普遍使用这种装订方法。它的特点是“以黏代订”，使订书时间大大缩短，提高了生产效率，也是适合机械化、联动化、自动化生产的一种主要装订方式，适合较薄或普通书籍。(图3－37)

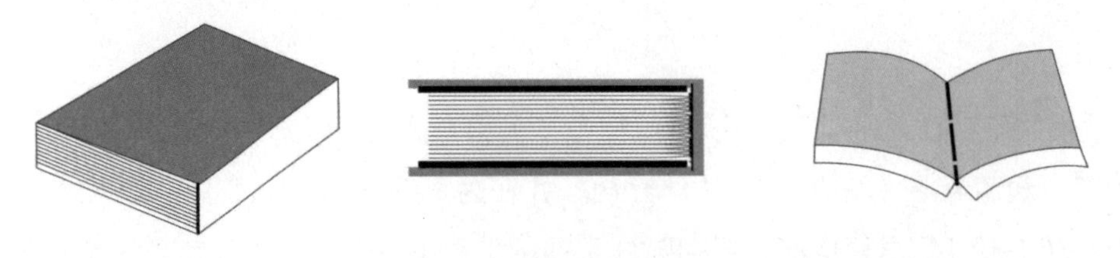

图3－37　无线胶订图示

附：小贴士

雕版印刷术的发明

大约在公元7世纪前期，世界上最早的雕版印刷术在唐朝（618—907年）诞生了。雕版印刷需要先在纸上按所需规格书写文字，然后反贴在刨光的木板上，再根据文字刻出阳文反体字，这样雕版就做成了。接着在版上涂墨，铺纸，用棕刷刷印，然后将纸揭起，就成为印品。雕刻版面需要大量的人工和材料，但雕版完成后一经开印，就显示出效率高、印刷量大的优越性。我们现在所能看到的最早的雕版印刷实物是在敦煌发现的印刷于公元868年的唐代雕版印刷《金刚经》，印制工艺非常精美。(图3－38、图3－39)

图3－38　正在雕刻的雕版印刷用版

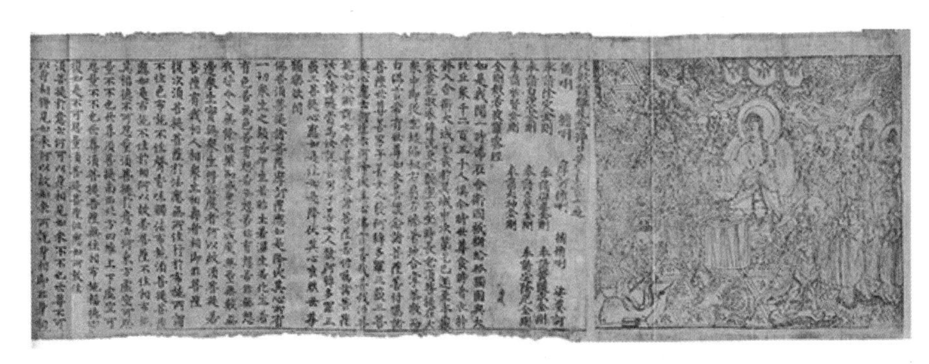

图3－39　印刷于公元868年的唐代雕版印刷《金刚经》

雕版印刷术是一种具有突出价值且民族特征鲜明、传统技艺高度集中的人类非物质文化遗产。它凝聚着中国造纸术、制墨术、雕刻术、摹拓术等几种优秀的传统工艺，最终形成了这种独特文化工艺；它为后来的活字印刷术开了技术上的先河，是世界现代印刷术的最古老的技术源头，对人类文明发展有着突出贡献；它的实施对文化传播和文明交流提供了最便捷的条件。

本章思考与练习

1. 书籍的常用印刷工艺有哪些？
2. 谈谈书籍的装订形式及书籍的装订方法。

第四章　书籍的版式艺术

◆ **学习要点及目标：**

了解书籍版式设计的构成要素。

了解书籍版式设计的基本构架。

掌握书籍整体设计的方法。

◆ **核心概念：**

书籍的版式设计、版式设计构成要素、版心、文字的磅值、字距、行距、段距。

◆ **引导案例：书籍版式设计的构成要素（图4－1）**

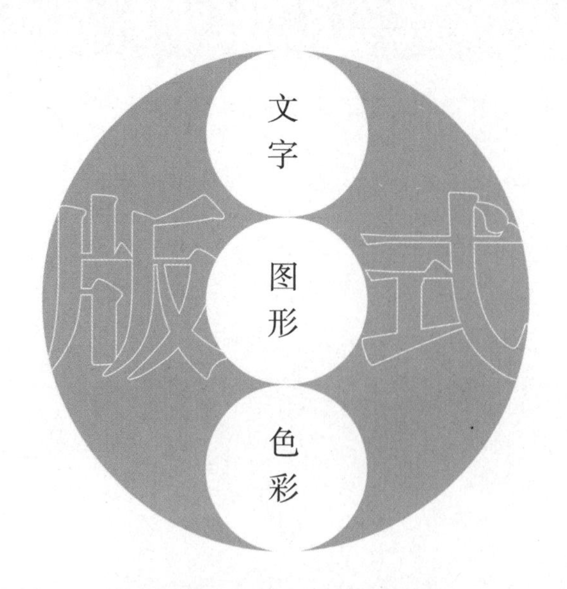

图4－1书籍版式设计的构成要素图示

书籍的版式设计是指在一定的开本上，将书籍中的文字、图形、结构、层次等要素进行艺术编排与处理。书籍版式设计中的要素主要由文字、图形、色彩三部分构建而成。

第一节　书籍版式设计的构成要素

一、版式设计构成基调——版心设计

版式构成中文字和图形所占的总面积被称为版心。版心之外的上部空间称之为天头，下部空间叫地脚，左右称为内口、外口。版心与四周边口按照比例构成，一般是地脚大于天头，外口大于内口。而中国传统的版式是天头大于地脚，目的是让人作“眉批”之用。西式版式是从视觉角度考虑。上边口相当于两个下边口。外边口相当于两个内口，左右两面的版心相异，但展开的版心都向心集中，相互关联，整体而紧凑。(图4－2)

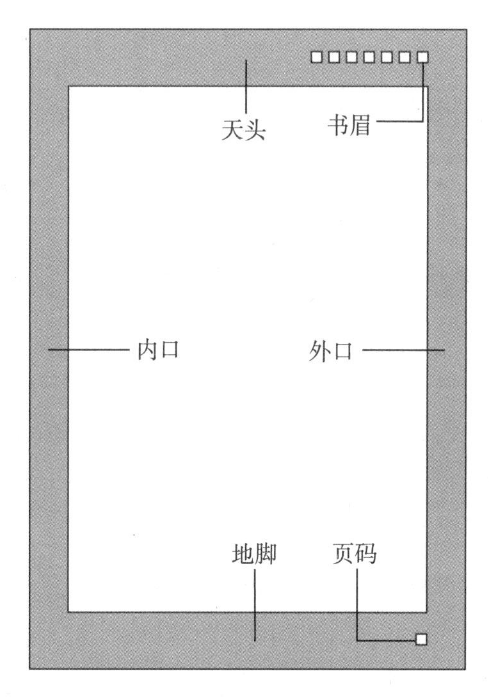

图4－2　常规版心图示

版心的大小可根据书籍的类型而定。例如画册和影集，采用偏大的版心设计能扩大和延伸图画效果，有些图片甚至可做画面四周不留空间的出血处理；字典、辞典、资料参考书等书籍，由于版面字数和图例较多，功能上仅供查阅使用，书本太厚不适合翻阅，因此在设计上需扩大版心缩小边口；相反，类似诗歌等书籍则应取大边口小版心为佳；图文并茂的书籍，可根据版面构图需要，图片部分安排大于文字的部分，甚至可以做跨页编排和出血处理，使展开的两面获得视觉上的延续性，让版面达到均衡和统一，视觉充满舒展感。(图4－3、图4－4)

二、版式设计构成要素之——文字设计

在版式设计的过程中，文字设计是探讨字形、笔画、间距和编排的组合形态，是版式设计的重要构成部分。我国目前书籍装帧设计中的文字主要归纳为两大类：一类是汉字，另一类为拉丁文字（主要是指英文）。了解文字设计的功能及性质，取得文字设计中各个要素的协调组合可以有效地向阅读者传递书籍的信息内容，传达视觉的美感。

1．汉字的体块特征

东西方由于文化及历史差异，文字形态也不尽相同。汉字有独立的表音、表形、表意的功能，字形呈方形形态。在书籍装帧中，汉字字体作为造型元素而出现，在运用中不同字体造型具有不同的独立品格，给予人不同的视觉感受。举例来说，常用字体黑体字笔画横平竖直，整体呈现方形形态，给观者醒目、突出的视觉感受。(图4－5、图4－6)

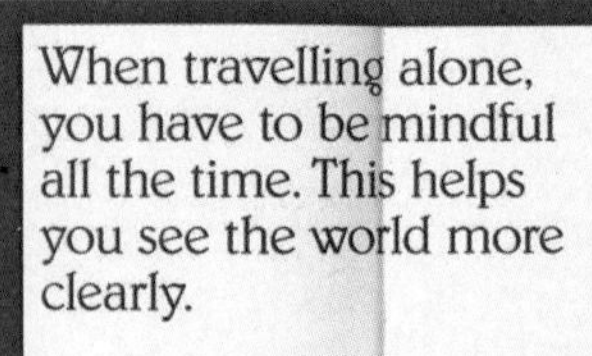

图4－3 《Yoyage》摄影书籍内页版心

图4－5 黑体字为主的封面 梁彩杏作品 指导老师：马莉

图4－4 常规内页版心 管安业作品 指导老师：马莉

图4－6 黑体字为主的目录及内页
陈敏玉作品 指导老师：马莉

如今，汉字印刷字体由原始的宋体字、黑体字等按设计空间的需要演变出了多种艺术化的变体，派生出新的字体形态。根据书籍的内容特色，书籍设计常采用变化形式多样而富有趣味性的变体字来丰富读者的视觉感受。(图4－7、图4－8)

图4－7　变体字为主的封面　成果作品　指导老师：马莉

图4－8《拾失食》书籍设计　变体字为主的封面和内页

2. **拉丁字母的文字**

拉丁字母由26个字母组成，主要以横、直、斜、弧为基本线组成圆、方、三角等会几何图形。在书籍的版面设计中，拉丁字母以流线型的方式存在，增添版面生动和错落有致的视觉表现力，视觉上更显流畅。由于拉丁字母有上升、下降笔画的间隔填补，使得它的文字篇幅比相同内容的中文文字篇幅要多。此外，拉丁字母更容易将单词看成是一个主体，而且每个单词的字母都不一样，在版式上会出现不规则的错落现象，赋予画面层次感。(图4－9、图4－10)

3. **字体的阅读性**

(1) 视觉阅读流程

书籍版式中的文字设计，目的是增强其视觉传达功能，赋予审美情感，诱导人们有兴趣地进行阅读。因此在组合方式上就需要顺应人们心理感受的顺序。人的一般阅读顺序通常是：水平方向上，人们的视线一般是从左向右流动；垂直方向时，视线一般是从上向下流动；大于45度斜度时，视线是从上而下的；小于45度时，视线是从下向上流动的。根据书籍设计的需要安排视觉流程方向，引导读者的视觉走向，能使阅读更加明了、简洁。视觉流程有两种主要表现形式：

图4－9 《Deitch Projects》书籍封面

图4－10 《Radikal》书籍内页

① 直线型视觉流程

直线型视觉流程顾名思义，就是按照一条直线来阅读，其中包括了纵向、横向和斜向。

A. 纵向

由于版式设计的需要，视线由上而下，成纵向的流动趋势。（图4－11）

B. 横向

视线是水平的，能温和画面的感觉。（图4－12）

C. 斜向

视线在左上角与右下角之间，倾斜的视觉效果，给人一种不稳定的心理感受。斜向视觉流程具有强烈的视觉冲击力，能有效吸引人们的注意力，但在一般的书籍版面中不常见，而在杂志、画册等设计中会经常用到。（图4－13、图4－14）

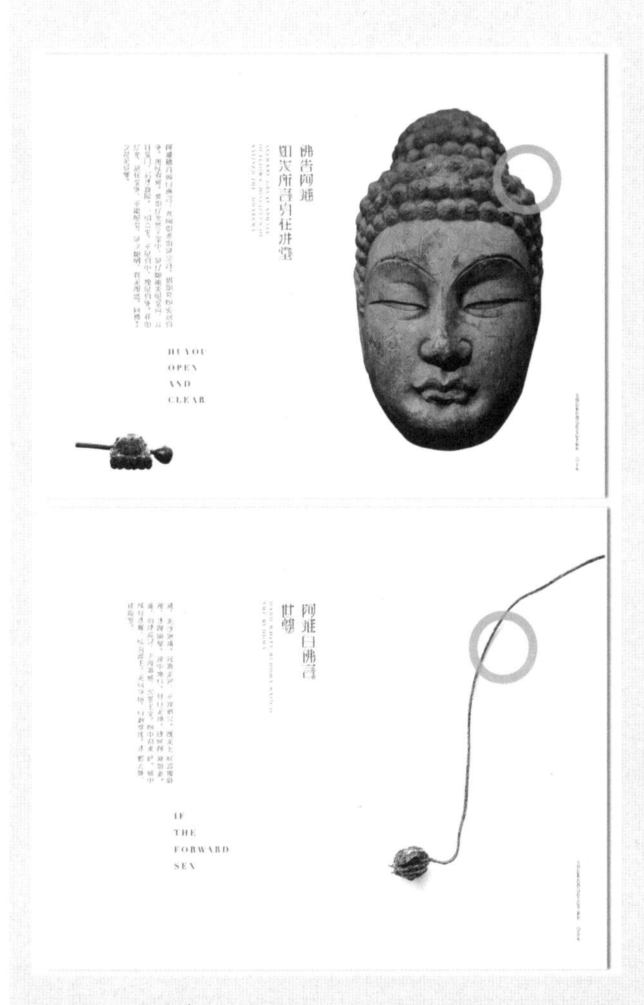

图4－11　《愣严经》内页版式（直线型纵向版式视觉流程）
张雯洁作品　指导老师：农琳琳

图4－12　内页版式（直线型横向版式视觉流程）
邓慧作品　指导老师：马莉

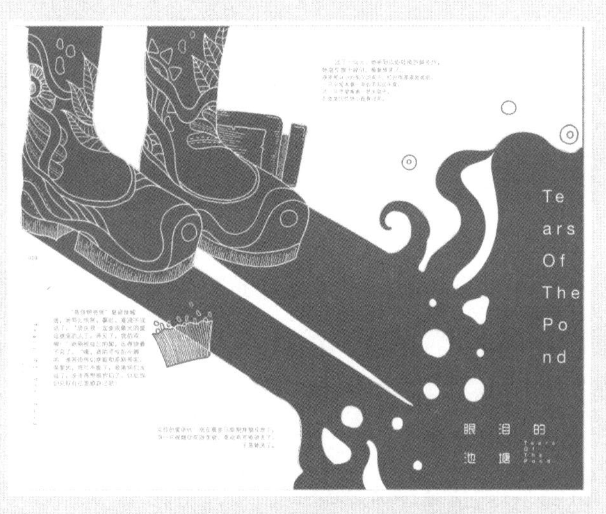

图4－14　《爱丽丝漫游仙境》内页版式
（直线型斜向版式视觉流程）
陆锦浩作品　指导老师：农琳琳

图4－13　内页版式（直线型斜向版式视觉流程）
邓慧作品　指导老师：马莉

② 折线形

折线形视觉流程，是指版面由于设计的需要，按照一种特殊的曲折变化的流程方式进行设计，这种版面流程秩序感较强，一般在宣传册等设计中最为常见。(图4－15)

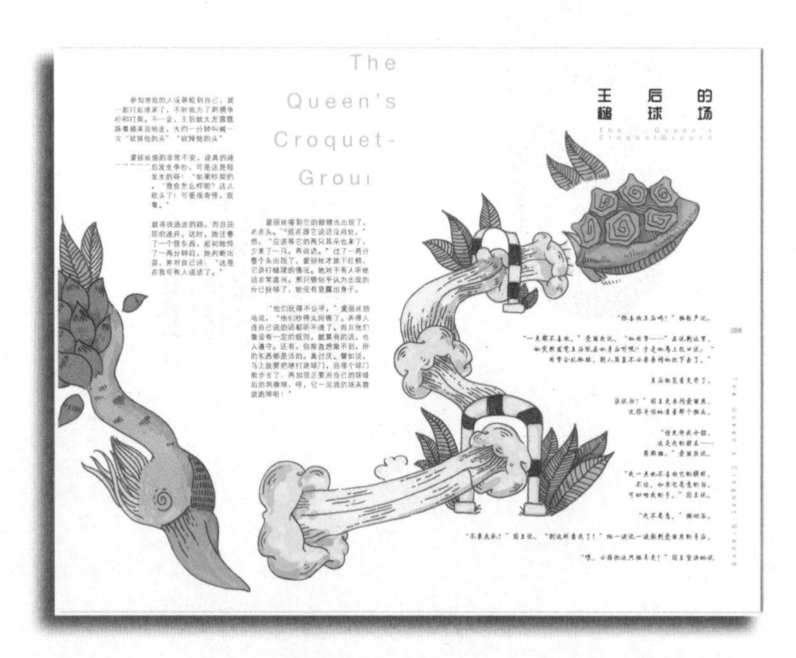

图4－15　《爱丽丝漫游仙境》内页版式（折线形版式视觉流程）
陆锦浩作品　指导老师：农琳琳

(2) 文字的磅值、字距、行距和段距

文字最主要也是最基本的作用就是传播信息，文字编排应服从表达主题的要求，符合人们的阅读习惯，方便阅读。因此掌握文字的磅值、字距、行距和段距是非常重要的。

① 文字磅值

文字的磅值是指字符高度的度量单位的数值。1磅等于1／72英寸，或大约等于1厘米的1／28。如字号为二号字，它所对应的磅值为22，即二号字与22磅值的字大小相同。依此类推，小二号字对应的磅值为18，那么小二号字与18磅值的字大小相同。

② 字距

字距是指文字之间的距离，字间距的疏密直接关系到排版效果，而恰当的字距能够提高文章的可读性。

③ 行距与段距

行距和段距是指行与行之间、段落与段落之间的距离。设置行距与段距不仅可以方便阅读，而且可以表现设计师的设计风格。在处理行距与段距时，要以阅读心理学为基础合理编排。

(3) 文字的识别度

文字的主要功能是在视觉传达中向大众传达设计者的意图和各种信息内容，要达到这一目的必须考虑文字的整体诉求效果，给人以清晰的视觉印象。因此，设计中的文字应避免繁杂零乱，使人易认、易懂，切忌为了设计而忽略了文字设计的根本目的是及时、有效地传达设计者的意图和构想意念。因此，要增加文字在版式中的高识别度，需注意以下几点：

① 文字的层级关系设置

文字的层级关系与人们的视觉流程有关，通过文字字号大小的编排，可以很自然地影响人们阅读的先后顺序。在书籍设计中各段和各页面、标题与副标题、标题与段落、标题与注释、段落与段落以及文字与图片等都有这样的层级关系。首先要确定正文字体大小，只有确定了正文字体大小，才能根据它来调节平衡，决定大标题、小标题以及注释文字大小。

② 设置合理的行高与行间距

行高、行间距的大小对文字的识别性有很大的影响。行与行之间距离过宽，会导致视线的移动距离过长，增加阅读难度。相反，行与行之间贴得过紧，将影响视线的移动，让人不知道正在阅读哪一行。正文最恰当的行高，基本应该设定为其文章中文字大小的两倍。例如文字大小为8磅值的文章，就应该把行高设定为16磅值。（图4－16）

③ 保持适度的段间距

段落与段落之间必须有一定的距离。如果这种距离不够，那么读者从字行末尾折回，移向下一行视线就会与移向下一段的视线发生冲撞，从而导致阅读无法顺利地进行。而且，如果段落之间的距离过远，也会有造成段落之间的关系联系不强的弊端，因此设定合适的段间距是很重要的。（图4－17）

图4－16 行高与行间距图示

图4－17 段间距图示

三、版式设计构成要素之——图形设计

图形的范畴很广，它包含了各种各样的视觉符号，无论是技术的、艺术的、平面的、三维的，还是传统的、现代的，都可以称为图形。

1. 图形的量感

书籍版面中图片数量的多少也直接影响到读者的阅读兴趣。图片数量过少，会使版面显得过于平淡、冷静。较多的图片能够增加版面的跳跃率，使画面充满活力，变得生动而富有层次。（图4－18）

2. 图形的势感

任何一个平面框架（空间），都会因自身不同的形态而形成一个相应的隐藏的力的结构图式。当图形放置在某些点上时，显得相当平稳，有静止的运动状态；当图形放置在另一些空间位置时，就会打破平衡安定状态，而呈现强烈的运动感觉。这种力场、图形、图形间的组合关系而引起人对视觉对象产生整体意象上的动向态势感受，称为图形的“势感”。它是形成鲜明的版式个性和形式美感的重要因素。（图4－19）

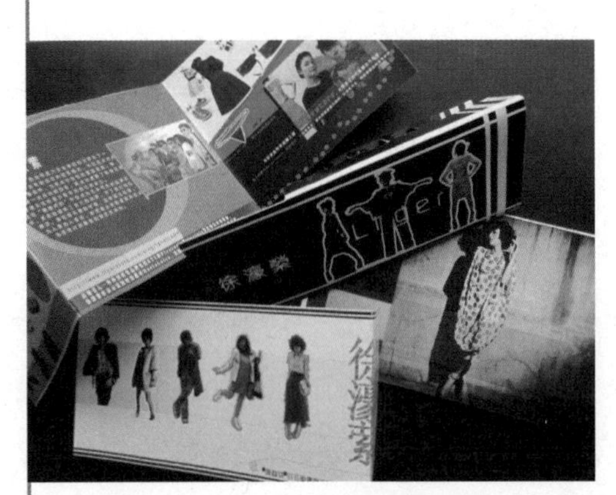

图4-18　内页版式（图形的量感）
毛凯悦作品　指导老师：马莉

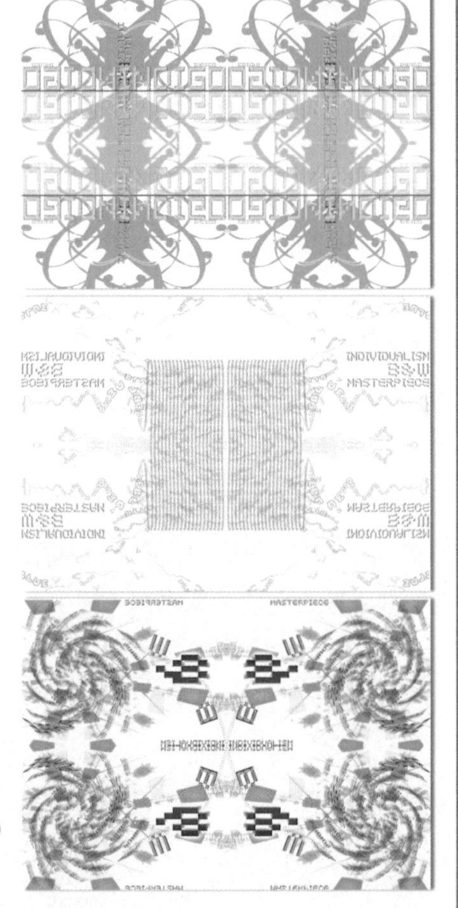

图4-19　《情绪色彩》内页版式（图形的势感）
李俊锦作品　指导老师：马莉

3. **图形的裁切**

裁切是一种图形切割技术，其目的是通过裁切图形的边缘或是不重要的部分，使图形的视觉焦点停留在图形的特定部位。（图4-20）

4. **图文混排**

图片与文字是书籍版面中主要的编排元素，通常不会以单独的形式出现。在版式设计过程中，注意图片与文字的排列组合方式是非常重要的。在图片与文字的混排过程中，常常会出现一些版面编排的问题，需要引起注意。

（1）注意图片与文字之间的距离关系

文字说明与图片内容紧密相关，在版面中与图片的对应必须明确，因此，在编排设计时应注意文字与图片之间的距离。

（2）注意图片与文字的统一

在图片与文字混排的版面中，应注意版面的协调、统一感。文字与图片作为版面中重要的元素，其版面的一致性直接影响到整个版面的视觉效果。所谓统一，不是对版面中所有的元素都采用同样的编排形式，要在统一中求变化才是版式设计的重点，否则会给读者造成阅读时的疲劳感。在统一图片和文字的过程中，应避免由于版面散乱，而失去美感。（图4-21、图4-22）

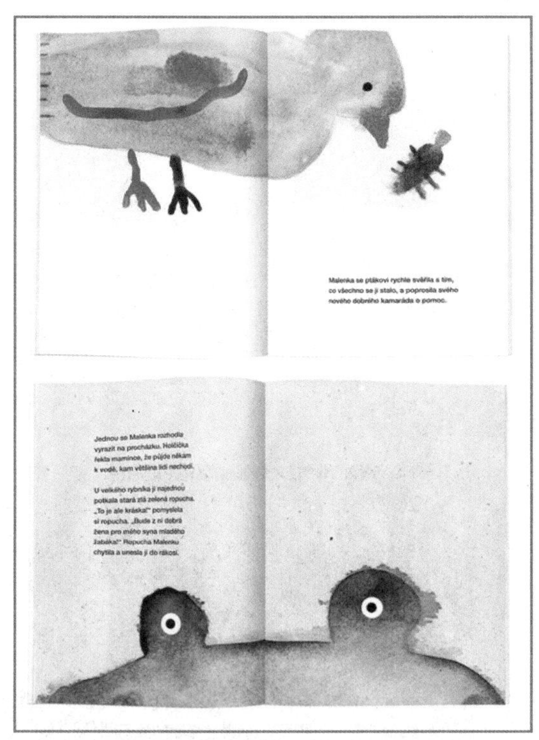

图4－20　《拇指姑娘》内页版式
（图形的裁切）LENA POKALEVA作品

图4－21　图文混排版式

图4－22　图文混排版式

四、版式设计构成要素之——色彩设计

书籍版式设计中的色彩，是集科学、艺术、情感于一体的表现语言，能够快速引起视觉上的关注。合理地色彩运用，可以传递文字语言无法表达的信息，能够营造一定的氛围，迅速俘获读者的心。

1．*版式色彩的象征性与功能性*

人们对不同的色彩表现出不同喜好的原因，是由于知觉经验而引起的色彩联想造成的。由抽象与联想设计的色彩往往具有一定的象征性，代表着由于历史、文化、地域、习俗而形成的相对固定的意义。例如紫色，它象征优美、高贵、尊严，另一方面又有孤独、神秘等意味。淡紫色有高雅、魔力的感觉，深紫色则有沉重、庄严的感觉。与红色配合显得华丽和谐，与蓝色配合显得华贵低沉，与绿色配合显得热情成熟，运用得当能构成新颖别致的效果。再如黄色，它是阳光的色彩，象征光明、希望、高贵、愉快。浅黄色表示柔弱，灰黄色表示病态。黄色在纯色中明度最高，与红色色系的色配合产生辉煌华丽、热烈喜庆的效果，与蓝色色系的颜色配合产生淡雅宁静、柔和清爽的效果。（图4－23、图4－24）

2．*书籍品类的色彩语言*

色彩的运用要考虑书籍内容的需要，用不同色彩对比的效果来表达不同的内容和思想，在对比中求统一协调。一般来说设计儿童书籍的色彩，要针对幼儿娇嫩、单纯、天真、可爱的特点，色调往往处理成高调，减弱各种对比的力度，强调柔和的感觉；女性书籍的色调可以根据女性的特征，选择温柔、妩媚、典雅的色彩系列；艺术类书籍的色彩就要求具有丰富的内涵，要有深度，切忌轻浮、媚俗；科普书籍的色彩可以强调神秘感；时装类书籍的色彩要新潮，富有个性；专业性学术类书籍的色彩则要端庄、严肃、高雅，体现权威感，不宜强调高纯度的色相对比。(图4－25、图4－26)

五、版式设计构成要素之间的统一协调性

书籍版面各构成要素之间的统一和谐之美，是构建书籍形态美感的核心内容。版面中的文字、图形、色彩、肌理、留白，要有一个总的设计基调，一个版面，甚至整本书籍中的视觉对比，要遵循对比之中保持和谐，统一之中寻求个性的原则。除了将各个要素的特性统一之外，也可以从空间关系上达到

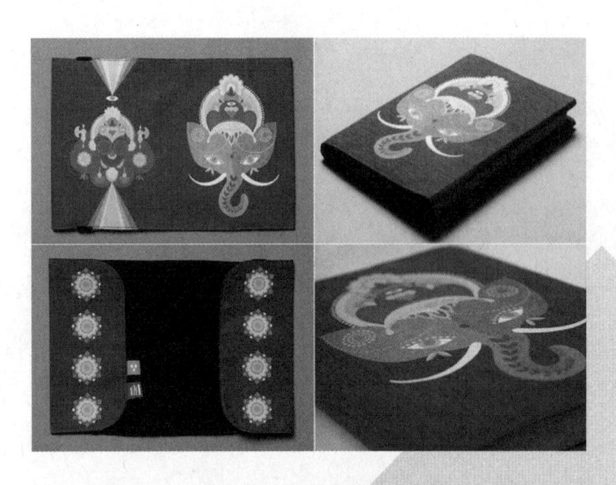

图4－23　神秘、沉稳的紫色调书籍封面

图4－25　儿童读物柔和的色彩

图4－24　《不纠结的修行》封面（淡雅宁静的黄色与蓝色搭配）　桑显翠作品　指导老师：马莉

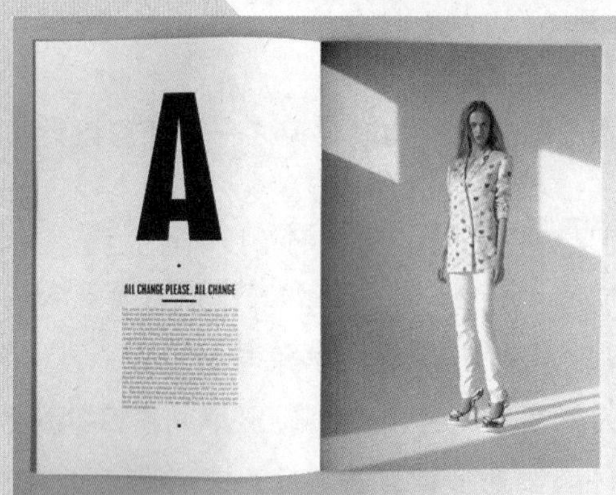

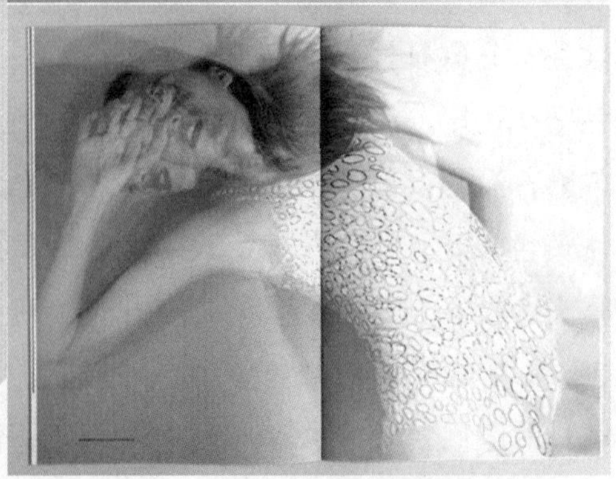

图4－26　女性书刊温柔的色调

统一基调的效果，即要素间相互组合产生的黑、白、灰，明度上的版面视觉空间，它不仅仅是视觉刺激的变化，更是视觉上的拓展。（图4－27、图4－28）

图4－27　构成要素之间的统一协调

图4－28　构成要素之间的统一协调

第二节　书籍版式设计的基本架构

版式设计的基本架构实际上就是如何科学合理地运用好点、线、面。不管版式如何复杂，在设计师的眼里，世上万物最终都可以归纳甚至简化到点、线、面。一个字母、几个数字，可以理解为一个点或多个点；不同字体、字号连接起来就是一条线；一行行字排列起来就可以构成面。版式设计就是在有限的版面空间内处理和协调好点线面之间相互依存、相互作用的关系，组合构成出各种各样有新意的、符合审美意识形态的版式。

一、版式设计中的点

点的构成是相对的，它是由形状、方向、大小、位置等形式构成的。这种聚散的排列与组合，带给人们不同的心理感应。点可以是一个文字，也可以是一块色彩、一张小小的照片或图像，点可以以任何一种形态显示。

在版式设计中，点有着一定的具体形态。这是在版面内，针对视觉范畴而言的，由相对于版面空间的具有一定比例关系的视觉图形元素所决定的。点的形成意义仅受视觉图形元素所在空间的比例关系所限制，对于其具体形态来说是不受任何限制的，因此版面内点的形态可以是几何形、抽象形、文字、具象形等。根据点的大小、位置、形态的不同，所产生的视觉效果和心理效应也随之不同。点的缩小在版面中有强调和吸引注意力的作用；点的放大即形成面的效果，给人以心理上的量感。（图4－29、图4－30）

二、版式设计中的线

线是移动中的“点”，当静止的点快速移动时，就形成了一条线。线具有位置、长度、宽度、方向、形状和性格。线是决定版面形象的基本要素之一，每一种线都有其独特的个性与情感。水平方向的线令

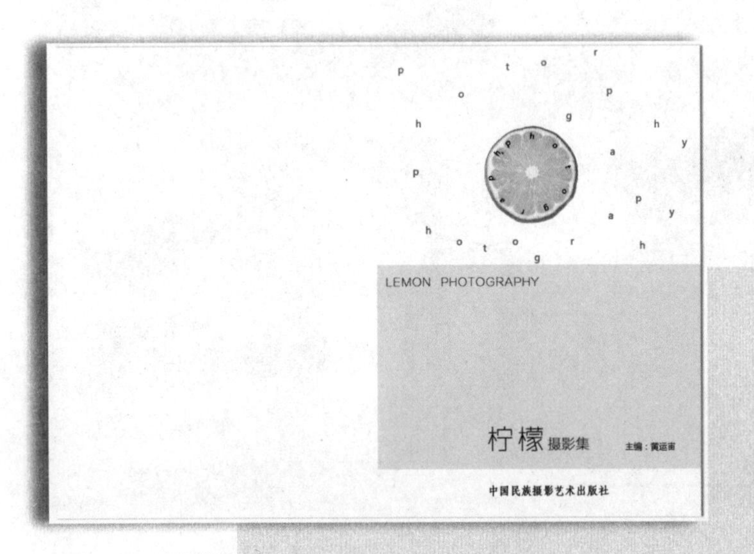

图4－29 《柠檬摄影集》扉页版式（文字构成的版式中的点） 黄运宙作品 指导老师：马莉

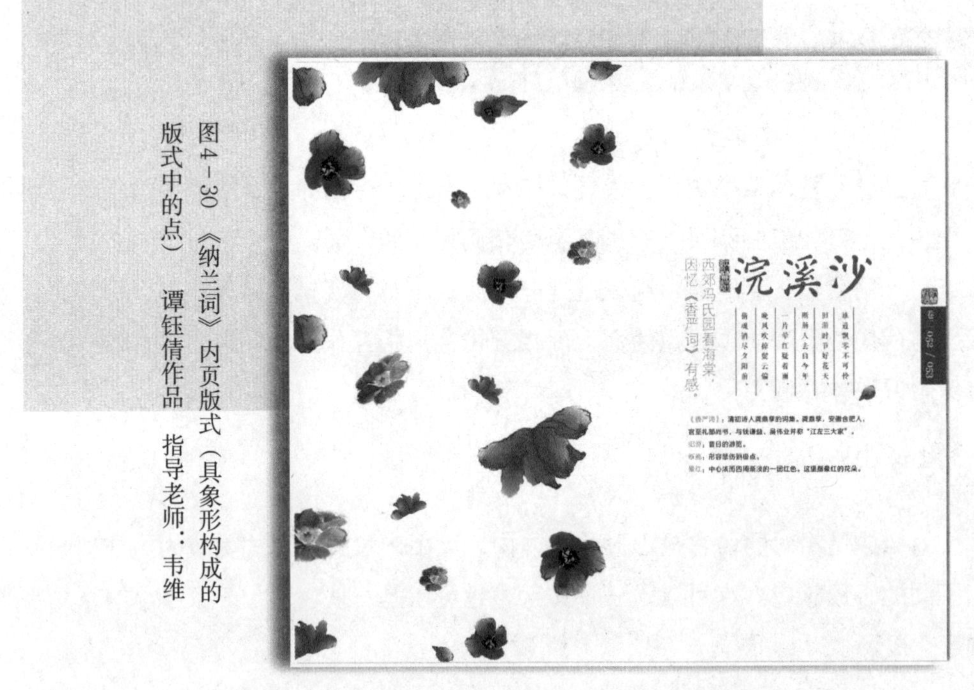

图4－30 《纳兰词》内页版式（具象形构成的版式中的点） 谭钰倩作品 指导老师：韦维

人产生开阔、平静、安定、永无止境的感觉；垂直方向的线令人产生蓬勃向上、崇高的情绪；斜线具有动力、不稳定和不安的感觉，富于现代意识和速度感；曲线给人以丰富、柔软、流畅的感觉，非常具有女性特征，自由曲线最能体现出情感的抒怀，几何曲线具有明确、规整感、规范性，使版面构成富有逻辑性。将各种不同的线运用到版面设计中去，能产生组成、架构、连接、分隔、强调、凸显或封闭等各种不同的效果。(图4－31、图4－32)

三、版式设计中的面

面在空间上占有的面积最多，因而在视觉上比点、线要强烈、实在，具有鲜明的个性特征。在版面构成时要把握各部分相互间整体的和谐，才能产生具有美感的视觉形式。面可分成几何形和自由形两大类，合理安排能使版式设计达到意想不到的效果。(图4－33、图4－34)

图4－31　版式中的斜线营造速度感
禹晴作品　指导老师：马莉

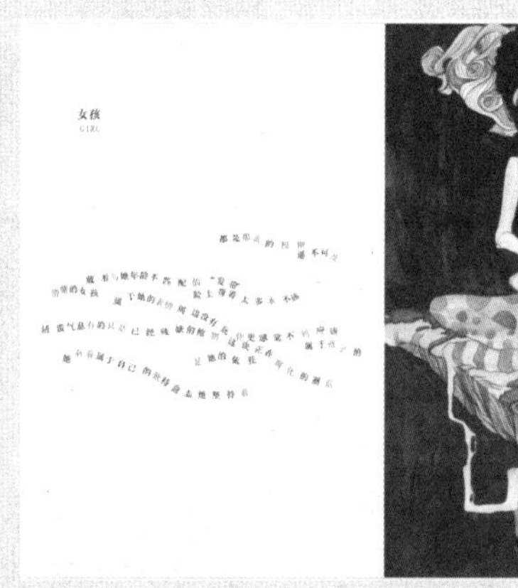

图4－32　版式中的曲线抒怀情感
银柳娟作品　指导老师：马莉

图4－33　《同学录》内页版式（版式中文字构成的面）　李方圆作品　指导老师：马莉

图4－34　《蓝白幽韵》前封版式
（版式中图形构成的面）
高芳怡作品　指导老师：农琳琳

第三节　书籍的整体设计课题训练

一、书籍整体设计的要求

1. **整体性**

(1) 书籍出版过程中各环节的协调要求

书籍整体设计必须与书籍出版过程中的其他环节紧密配合、协调一致，更要在工艺选择、技术要求和艺术构思等方面具体体现出这种配合与协调。如在对材料、工艺、技术等做出选择和确定时，必须体现配套、互补、协调的原则；在艺术构思时，必须体现书籍内容与形式的统一、使用价值和审美价值的统一、设计创意高度艺术化与书籍或期刊内容主题内涵高度抽象化的统一。

(2) 对书籍从内到外地进行整体设计

在进行书籍设计时，对封面、护封、环衬、扉页、版式等都要进行综合的、整体性的考虑。因为书籍设计艺术，不仅仅是指封面的图案设计，而且还包括内文的信息传递传达和表现，以及在阅读过程中与读者产生的心灵共鸣和感染力。因此要求设计者在对书稿内容加以解读分析后，提炼出需要的相应的文字、图形与符号，准确而有层次地表达书本的文字内容。

2. **艺术性**

书籍整体设计要充分体现该书籍内容的特点和独特创意，具有一定的艺术风格。这种风格，既要体现书籍内容的内在要求，也要体现书籍的不同性质和门类的特点。艺术性原则还要求书籍整体设计能够体现出一定的时代特色和民族特色。

3. **实用性**

书籍的诞生首先是出于传播文化的阅读需要，它是为了使用而产生的。书籍形态的发展变化过程，是一个随着社会的发展越来越适应需要、越来越利于实用的过程。书籍装帧的实用价值体现在：载录得体，翻阅方便，阅读流畅，易于收藏。书籍装帧设计的诞生与发展，永远是把实用性摆在第一位的。

实用性要求进行书籍整体设计时必须充分考虑不同层次读者使用不同类别书籍的便利，充分考虑读者的审美需要，充分考虑审美效果对提高读者阅读兴趣的导向作用。实用性表现在书籍整体设计的每一个方面，版面设计的实用性可以体现在以下三点：

(1) 减轻读者的视力疲劳

人眼最大有效视角度左右为160度，上下为65度，最适合眼球肌肉移动的视角度左右为114度，上下为60度。所以，进行版式设计时，人的最佳视域应以100mm左右（相当于10.5磅字27个）为宜。有实验表明，行长超过120mm，阅读速度将会降低5%。

(2) 顺应读者心理

让读者在自然而然的视线流动中，轻松、流畅、舒服地阅读书籍的内容。

(3) 引导读者阅读

在设计中对强调与放松、密集与疏朗、实在与空白、对比与谐调及黑白灰、点线面的运用，可适当引导读者的阅读视线。

4. 经济性

要求书籍整体设计不仅必须充分考虑书籍阅读和鉴赏的实际效果，而且必须兼顾两个方面效益的比差：一是所需资金投入与带来实际经济效益的比差；二是设计方案导致的书籍定价与读者的承受心理和承受能力的比差。

二、课题训练

1. 训练一

（1）训练内容：文字编排。

（2）训练目的：学会利用文字来合理进行版式的编排，营造一定视觉效果。

（3）案例分析：

①《四味集》内页版式（图4－35）

图4－35所示内页的文字编排手法采用倾斜式排版，将中文汉字的宋体、楷书与拉丁字母组合在一起，作斜向的组合排列。其中版面中的文字有2个编排的方向，在一般的设计中，如果版面出现若干方向的文本，会直接影响读者的阅读感受，甚至影响文字的连贯性。因此，设计者并没有潦草地处理版面，而是牢牢把握设计的原理，在设计成角的文字编排时，使倾斜角度与文字方向服从读者的阅读习惯。同时，图形也顺应文字的方向，合理运用文字的视觉动向进行呼应，既传达了文字的信息内容，也将版面进行了视觉上的统一。

②《纳兰词》内页版式（图4－36）

图4－36所示内页中标题文字采用能较好体现书籍内容定位的宋体与等线体结合，横向排列；正文字体排列则为古典诗词中常见的纵向排版，标题、正文文本呈“十字”形交错，进一步体现稳定与厚重的情感色彩。

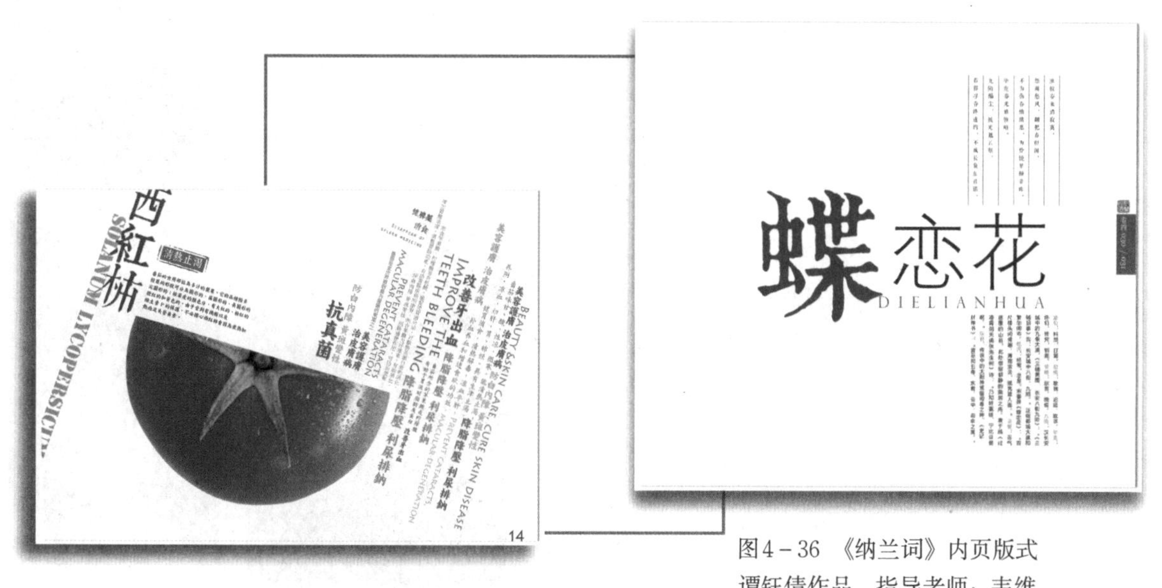

图4－35　《四味集》内页版式
白冰莹作品　指导老师：农琳琳

图4－36　《纳兰词》内页版式
谭钰倩作品　指导老师：韦维

③《同学录》内页版式（图4－37）

图4－37所示内页的文字编排从4个方向倾斜，形成一个方形的框架并向外延伸，巧妙映衬出图片的主体地位，并通过正文内容的不断重复来强调值得纪念的某一天的某一件事情。

2. **训练二**

（1）训练内容：版式中的色彩搭配。

（2）训练目的：学会运用色彩搭配来丰富版式设计构成，强化设计情感。

（3）案例分析：

①《四味集》内页版式（图4－38）

图4－38所示版面的主调为明黄色，色彩的明度、纯度都较高，如同它的标题“菠萝”一般，清新明快，使人联想到晴朗的夏日。版面中另外2个颜色是无彩色系中的黑色和白色，黑色的纯度低，视觉量感重，可使图形稳定地安置在版面上，让视觉感受较轻的黄色和白色得到了更好的烘托。

②《遇见广州》内页版式（图4－39）

图4－39所示内页版式在设计上将次标题与部分正文文本都嵌入图片之中，并进行平行式的倾斜编排，根据所选用图片的色调使用冷静、理性和极具现代感的蓝色块来辅助分割版面，视觉流向清晰、有动感。

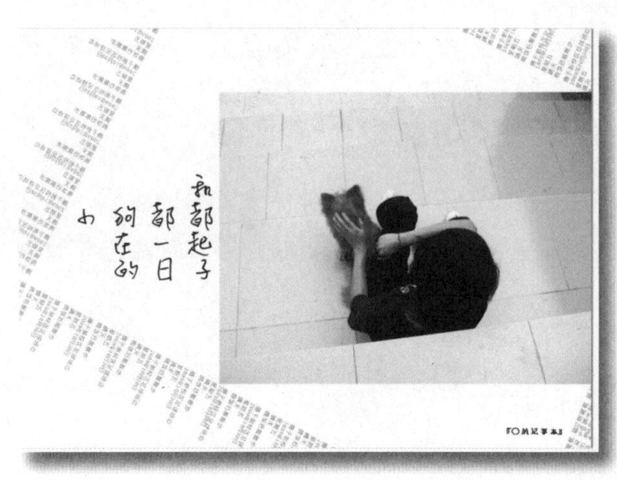

图4－37 《同学录》内页版式 李方圆作品 指导老师：马莉

图4－38 《四味集》内页版式 白冰莹作品 指导老师：农琳琳

图4－39 《遇见广州》内页版式 欧阳珮颖作品 指导老师：农琳琳

③《楞严经》内页版式（图4－40）

图4－40所示版面的色彩运用了柔和静谧的灰色调子，各种深浅不一的灰调使画面变得有层次、有韵律，而图中一抹冷调的浅蓝色块，让幽暗的画面有了一丝生机，灵动而雀跃，较好地契合了书籍的主题内容。

3. **训练三**

（1）训练内容：封面设计。

（2）训练目的：合理运用书籍版式设计的技巧来进行书籍封面的设计。

（3）案例分析：

①《中国节》封面设计（图4－41）

图4－41所示的封面设计中，前封采用了中轴对称的版式，具有古典的美感，与书籍的体裁风格互相呼应；红色的曲线组合而成的云头纹将手绘插画包裹其中，布满着深浅不一铅笔的肌理，并把正方形的开本柔和地分割成2半；云纹前端处嵌入一块金色的类似牌匾的图形，巧妙地将书籍名称收入中央，文字排版运用纵向形式，再次强调了中式的风格，而封面中的拉丁字母则拉宽文字间距，以点的形式进行排列，丰富了版面的视觉效果。

②《有些事现在不做，一辈子都不会做了》封面（图4－42）

图4－42所示封面色彩与主题紧扣，运用了蓝灰色调，婉转表达如果不行动可能产生的遗憾。

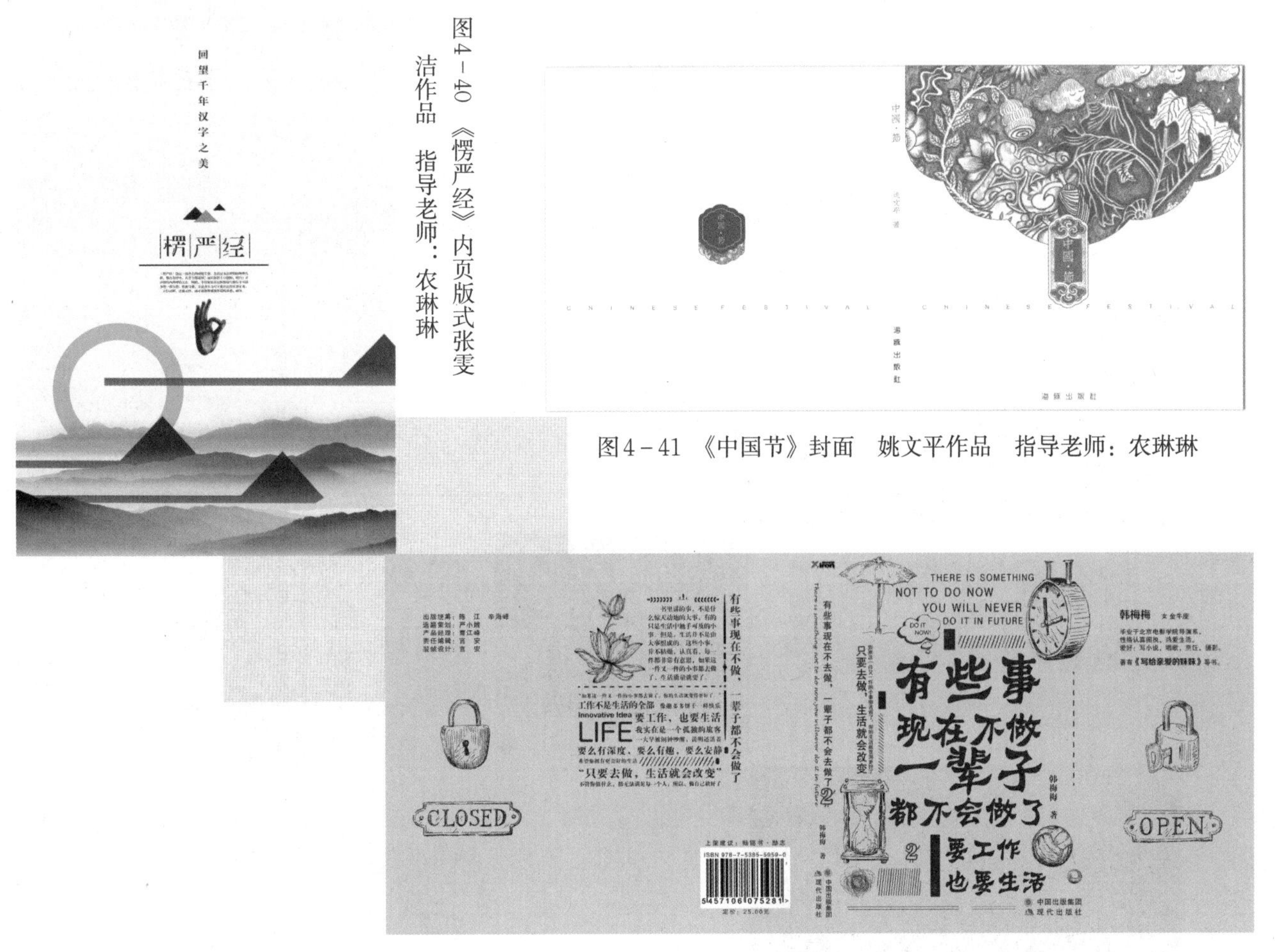

图4－40《楞严经》内页版式张雯洁作品　指导老师：农琳琳

图4－41　《中国节》封面　姚文平作品　指导老师：农琳琳

图4－42　《有些事现在不做，一辈子都不会做了》封面
言安作品　指导老师：马莉

标题的文字版式以不规则的字体大小编排和整体图文面积上的对比来强调和突出，再配以线条小插画来进一步表现相应情调，使整个版面生动并且有情感。前后勒口处放置的插有钥匙的锁和闭合的锁也很微妙地体现出书籍内容的情感基调。

③《绾青丝》封面（图4－43）

图4－43　《绾青丝》封面　刘清作品　指导老师：马莉

图4－43所示的封面图片采用跨页形式放置，较好地体现了封面设计的整体感。所用图片色彩缤纷亮丽，层次丰富，使得画面充满生动的韵律，从侧面衬托书籍的主题。文字版式采用了竖构图的形式，不同字体和字号的文字有序排列，使得版面重心平衡、张弛有度。

附：书籍整体设计课题训练作品欣赏（图4－44至图4－55）

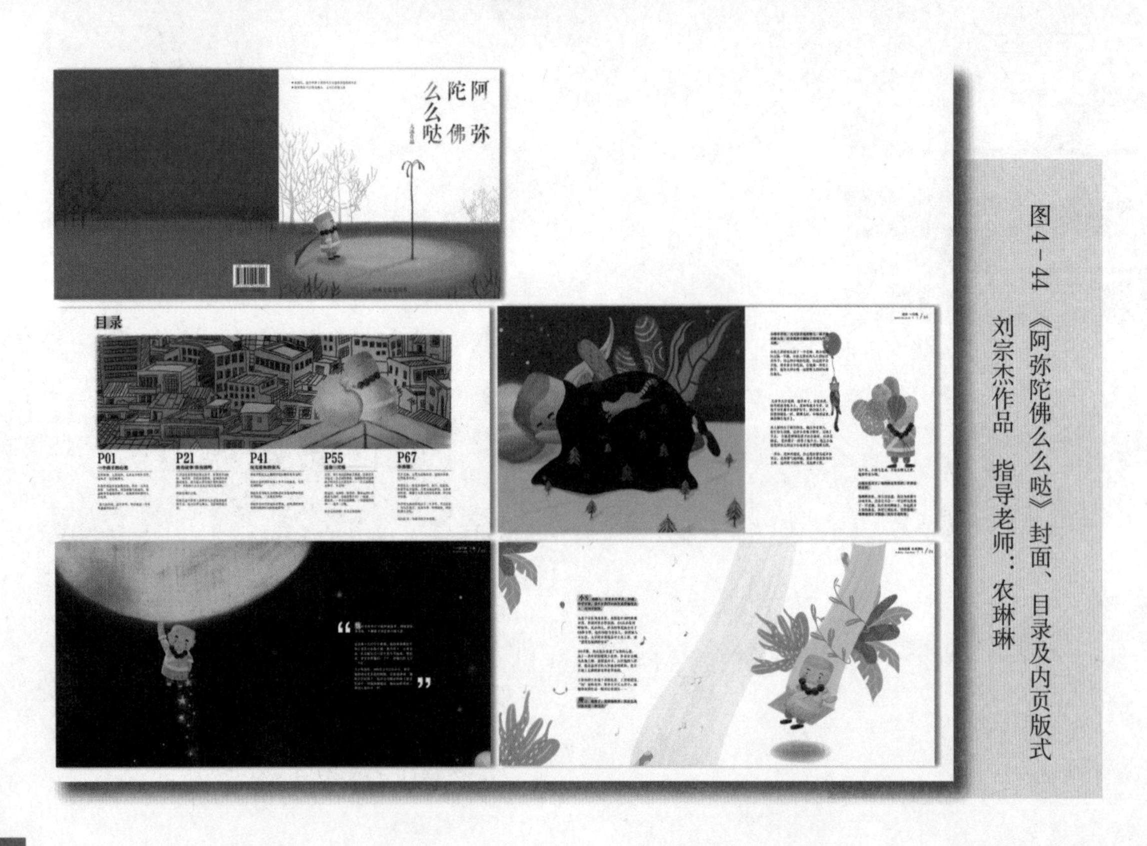

图4－44　《阿弥陀佛么么哒》封面、目录及内页版式　刘宗杰作品　指导老师：农琳琳

图4－45　《爱丽丝漫游仙境》封面、扉页、目录及内页版式　陆锦浩作品　指导老师：农琳琳

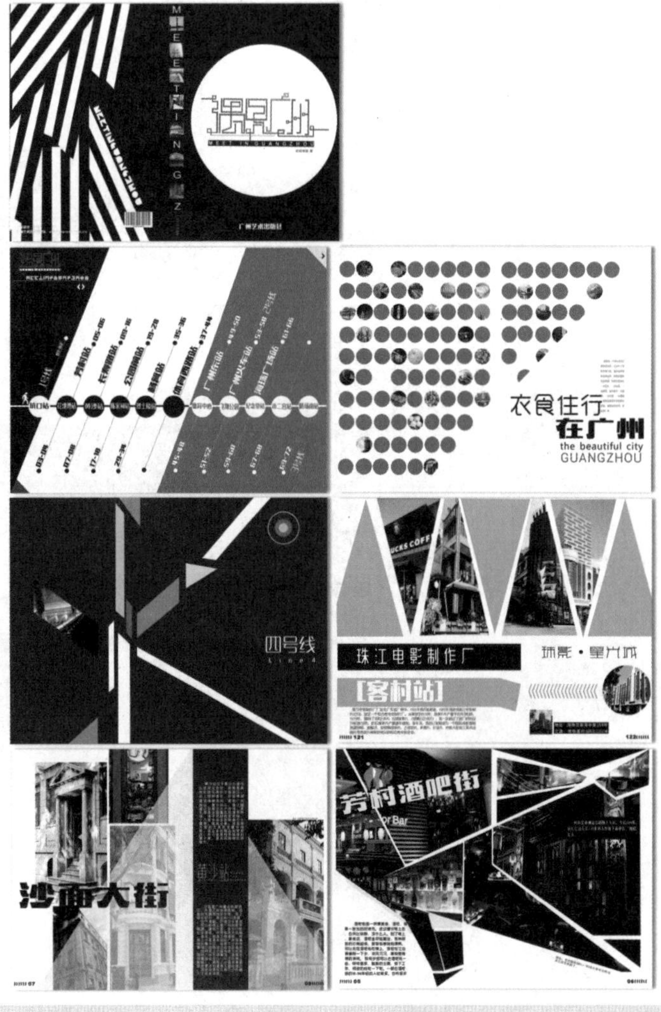

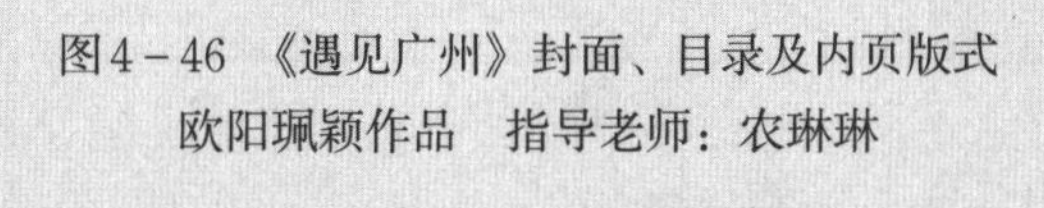
图4－46　《遇见广州》封面、目录及内页版式　欧阳珮颖作品　指导老师：农琳琳

图4－47 《纳兰词》封面及内页版式
谭钰倩作品 指导老师：韦维

图4－48 《偷影子的人》封面、扉页及内页版式
王纯作品 指导老师：赵嘉

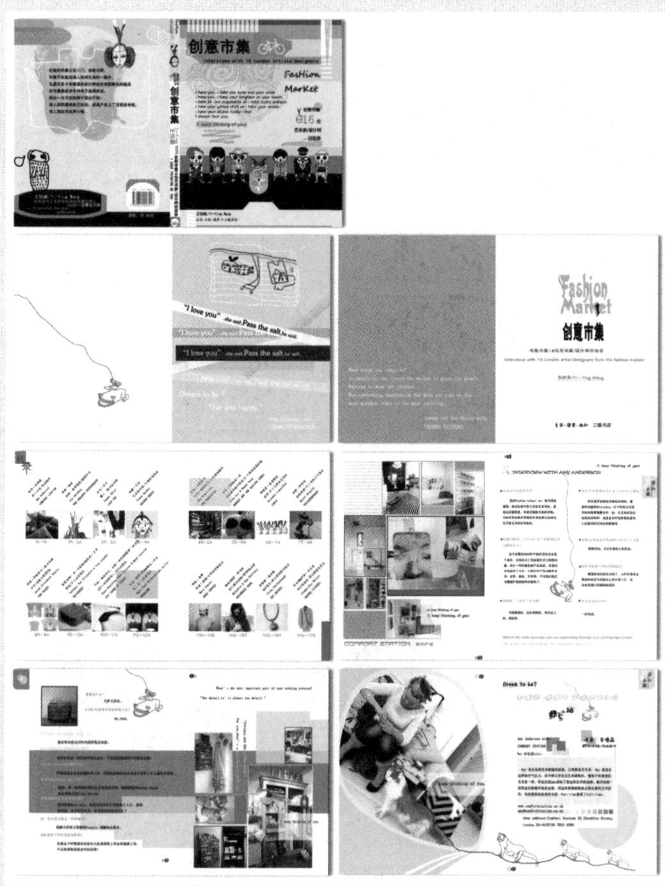

图4-49《创意市集》封面、环衬页、扉页、目录及内页版式　畅茜茜作品　指导老师：马莉

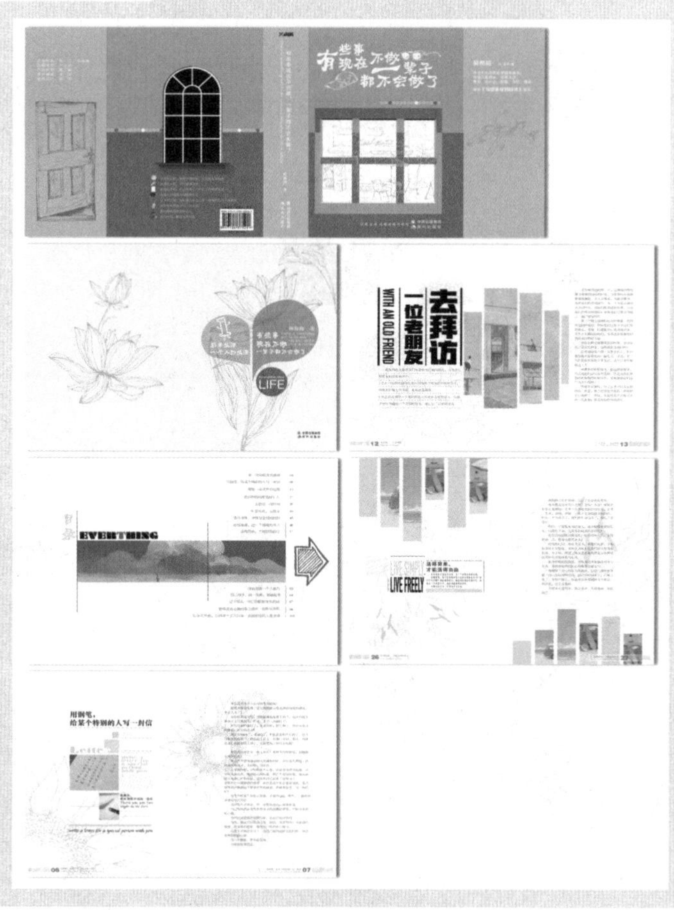

图4-50《有些事现在不做，一辈子都不会做了》封面、扉页、目录及内页版式　言安作品　指导老师：马莉

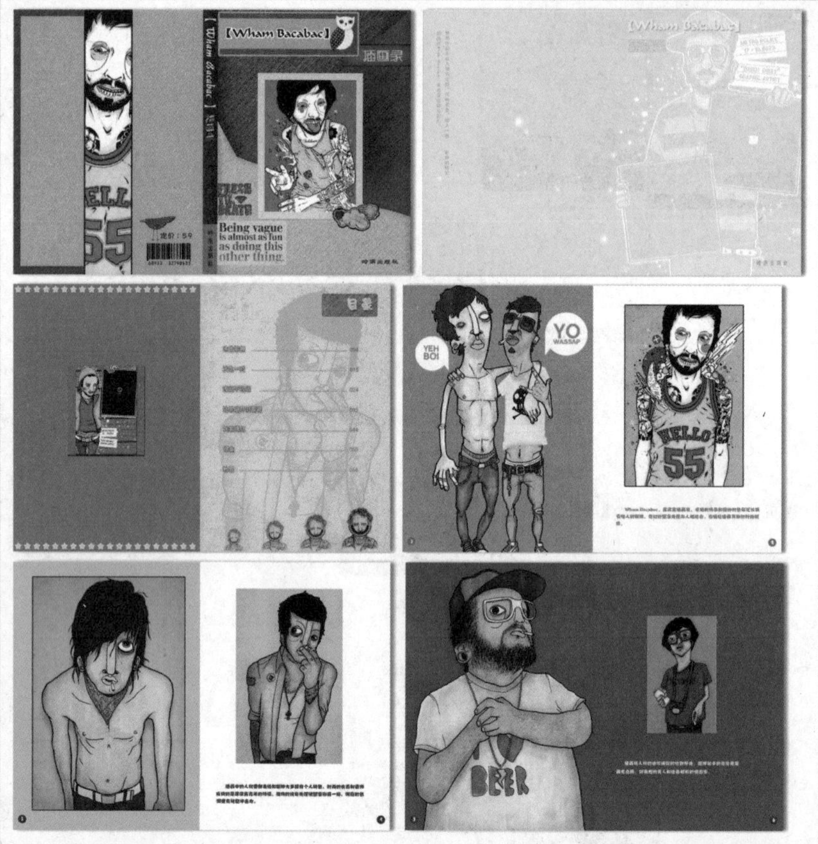

图4－51 《Wham Bacabac插画录》封面、扉页、目录及内页版式 梅潇潇作品 指导老师：马莉

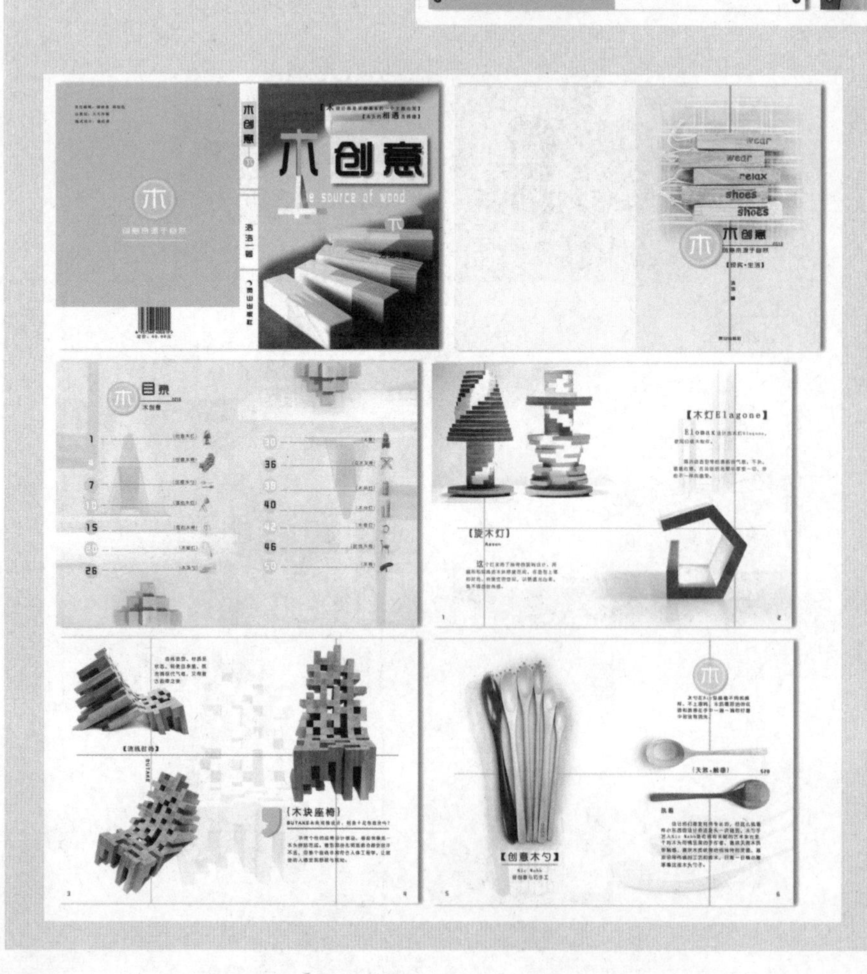

图4－52 《木创意（下）》封面、扉页、目录及内页版式 谢浩基作品 指导老师：马莉

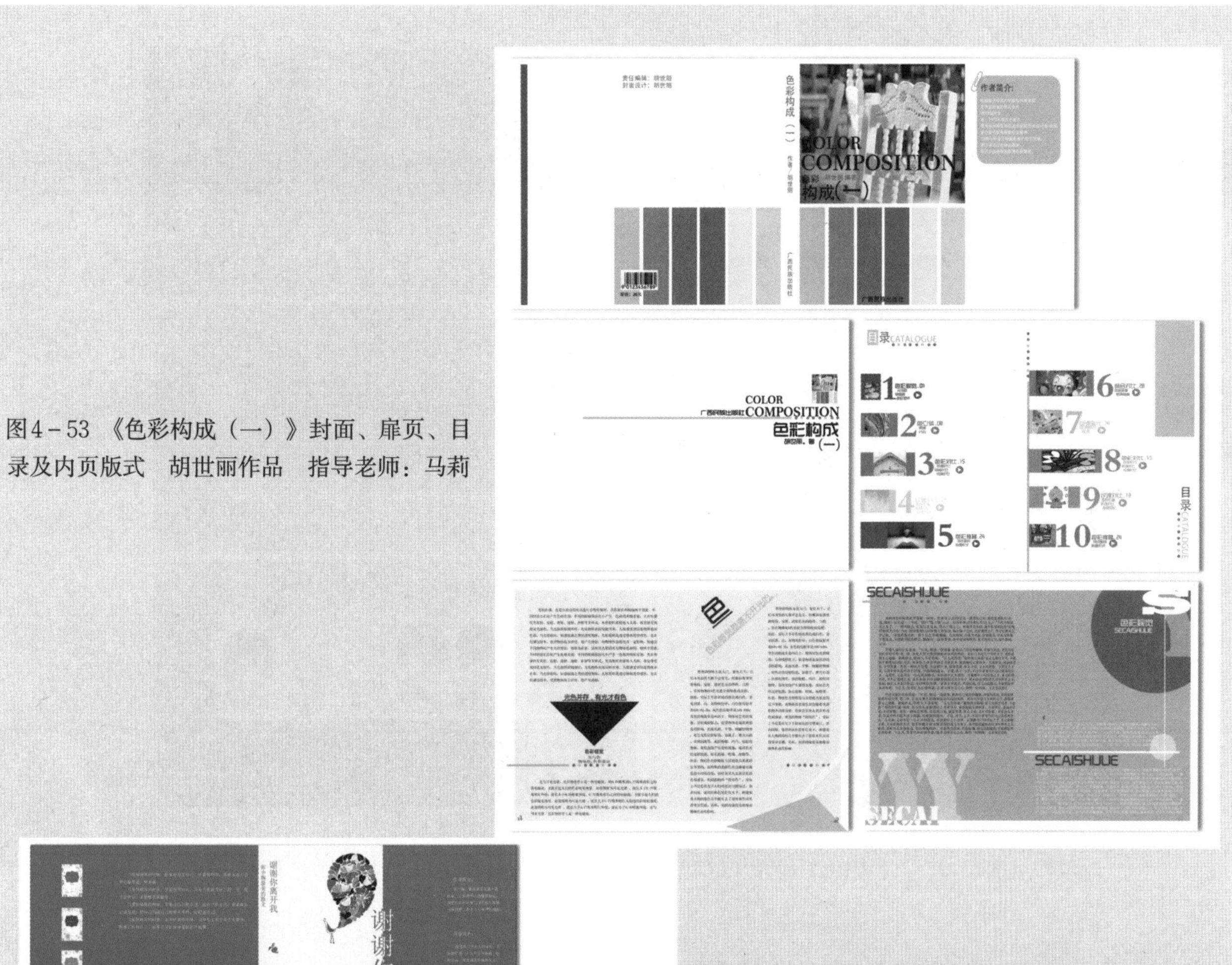

图4-53 《色彩构成（一）》封面、扉页、目录及内页版式　胡世丽作品　指导老师：马莉

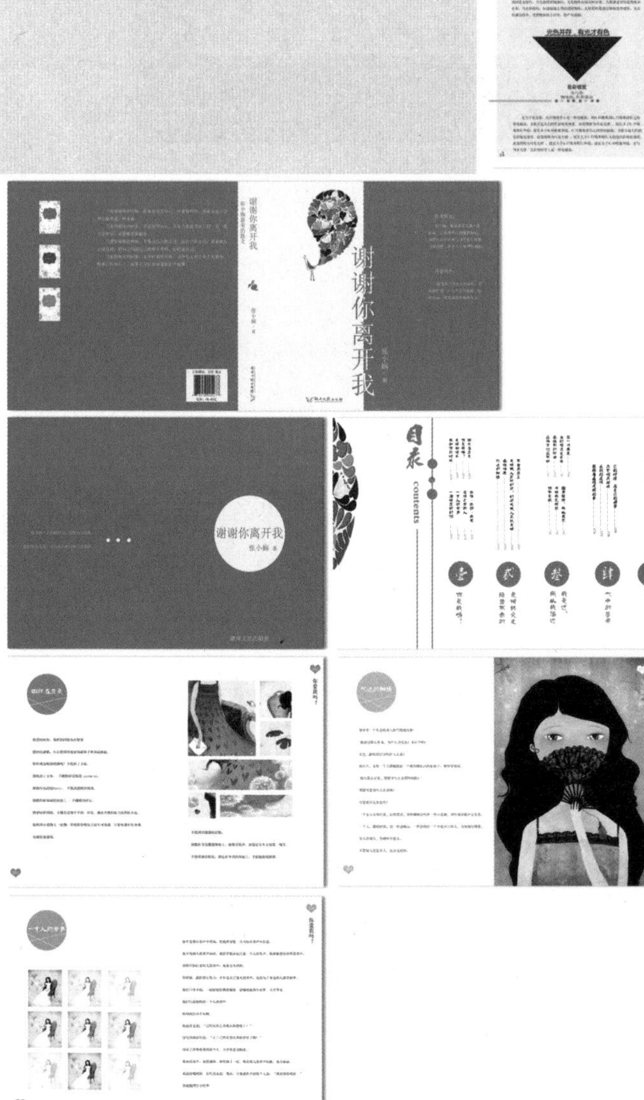

图4-54 《谢谢你离开我》封面、扉页、目录及内页版式　何嘉璐作品　指导老师：马莉

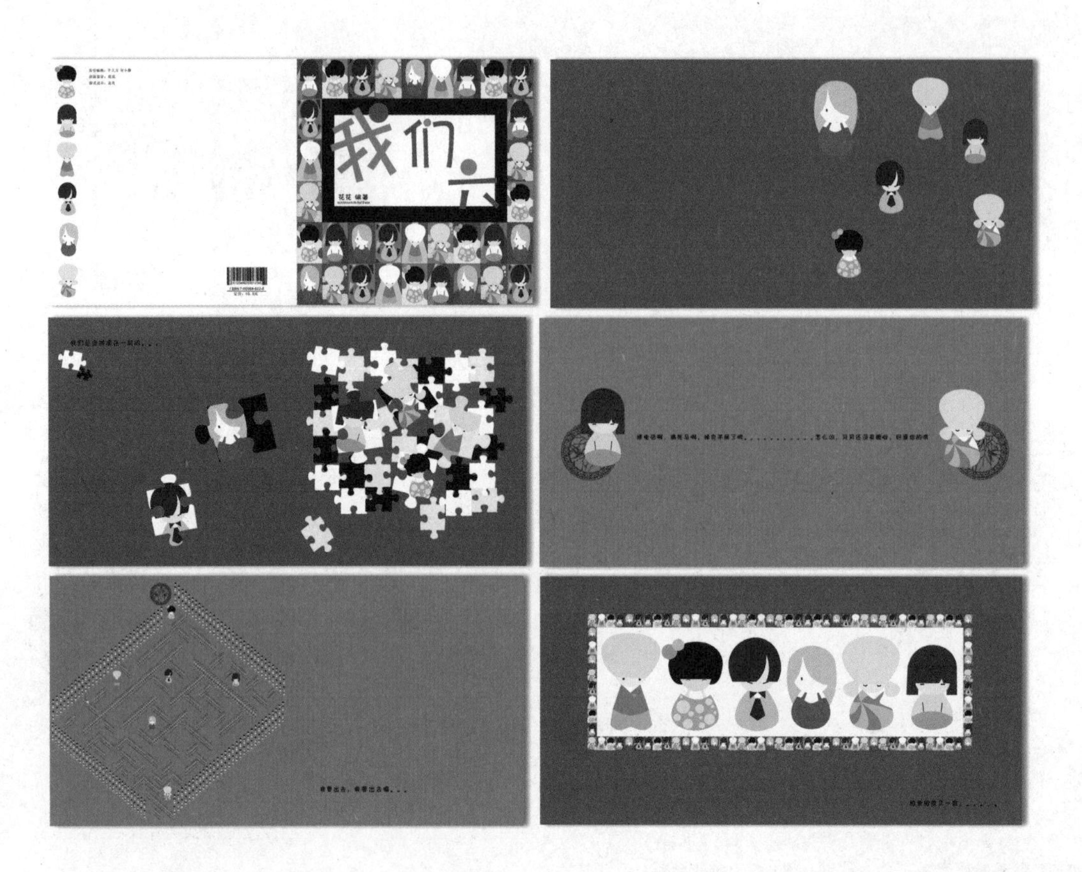

图4－55 《我们六》封面、扉页及内页版式 李玉超作品 指导老师：马莉

本章思考与练习

1. 书籍版式设计的构成要素有哪些?

2. 选定主题进行书籍整体设计的实践训练，设计内容至少包括一本书籍相应的封面、扉页、目录以及三页以上的内页版式。要求作品设计形式新颖，能较好地体现书籍主题内容。

第五章　书籍的插图设计

◆ 学习要点及目标：

了解插图及插图设计的概念、插图与书籍的关系及书籍插图的分类。

掌握插图的创作流程。

掌握插图的创意设计与表现。

◆ 核心概念：

插图、插图设计。

◆ 引导案例：广西左江花山一带岩画的局部图案（图5－1）

插图的历史，可以追溯到人类文字的成型时代。古代画于墙体上的岩画和壁画、刻于竹简及画在纸和帛上的图像、用雕版印于书中的图形，都称为“图”或“像”。远古时候，文字还没有产生，图画是人

图5－1　广西左江花山一带岩画的局部图案

们交流思想、记录事件的主要方法，是绘画的雏形或萌芽，影响着后世绘画和插图的发展。图5－1所展示的广西左江花山一带的岩画文化景观，其绘制年代可追溯到战国至东汉时期，反映了当时古骆越人的社会生活和精神风貌。花山岩画于2016年的联合国教科文组织第40届世界遗产委员会会议上申遗成功，实现了我国岩画类世界遗产零的突破。

第一节　关于插图设计

一、插图及插图设计的概念

提及插图，我们往往最先想到的就是书籍里面的图画。插图的英文为Illustration，源自于拉丁文中的illustradio，意指：明亮，表示插图可以使文字意念变得更明确清晰。其按字面表意诠释，可理解为插附于文字间的图形，或与文字相互配合的图形。它在《现代汉语词典》中被定义为“插在文字中间帮助说明内容的图画。包括科学性的和艺术性的。”这就界定了插图可以对以文字为信息载体的传播媒介作形象的说明或者起到艺术欣赏的作用。

插图设计就是文字的具象化，是以“图像”来表达文字的内容。其风格呈现多样性，表现形式也是非常丰富，可以用点、线、面、色彩、肌理等视觉化、形象化的绘画手段来进行表现。插图极大地提升了文字的魅力、张力和感性，使得文字变得更为生动和形象，更为直观和便捷。设计者可以运用变化无穷的表现手段，利用图形这种人类更本性、更通俗易懂的语言，来达到美化生活、陶冶情操、沟通信息的功能。（图5－2至图5－7）

图5－2　通过精细刻画来表现事物质感的插图

图5－3　摄影与电脑技术结合运用的插图
Adhemas Batista作品

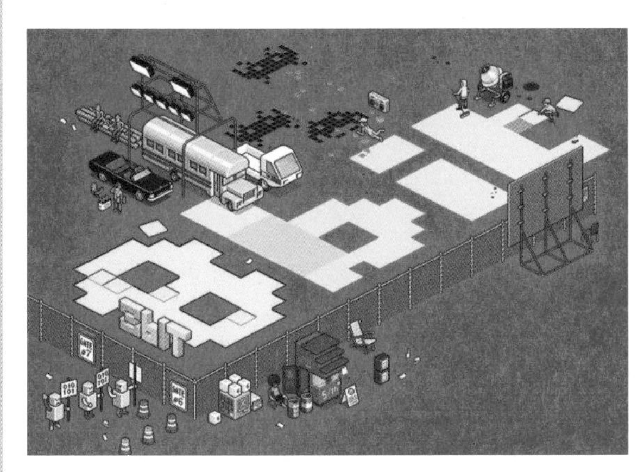

图5－4　点线面结合运用的插图　Eboy作品

图5－5 《弥诺陶洛斯》插图（体现黑白肌理效果的插图）　毕加索作品

图5－7　体现较为厚重色彩肌理效果的插图

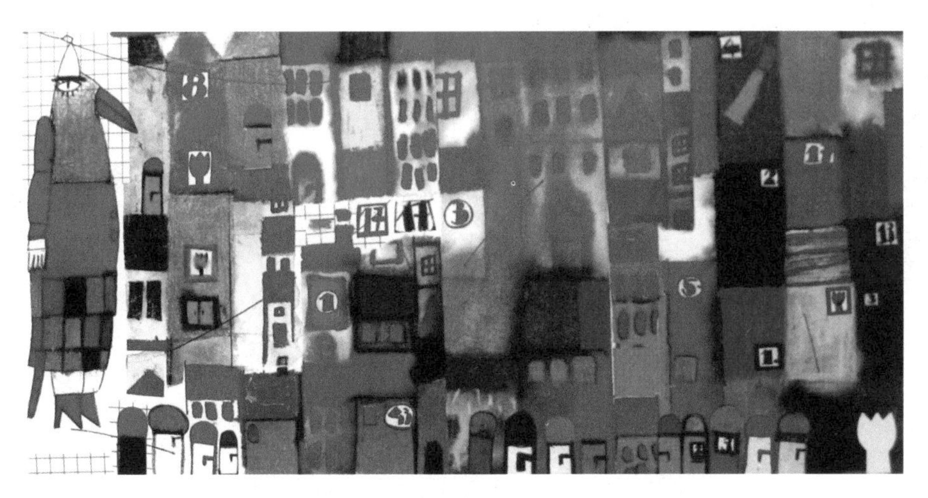

图5－6　体现较为轻薄色彩肌理效果的插图

二、插图与书籍的关系

东晋陶渊明诗云："流观山海图，是古书无不绘图"。清人徐康《前尘梦影录》记载"古人以图书并称，凡有书必有图"。书籍插图是为了丰富和完善书籍内容而设计的。它从属于书籍，是为了用来美化书籍和弥补文字表达的不足，起着延伸、补充文字内容及装饰、美化的作用。一般说来，书籍插图不能离开书籍而单独存在，优秀的插图能提高读者的阅读兴趣和增强读者对书籍内容的理解和记忆。（图5－8至图5－12）

图5－8 《於越先贤传》 任渭长作品

图5－9 《西厢记》插图 陈老莲作品

图5－10 《约翰和莎乐美》
比亚兹莱作品

图5－11 《大眼睛》 高燕作品

图5－12 《黛玉葬花》
戴敦邦作品

三、书籍插图的分类

书籍按照不同类别来进行划分，可大致分为科普类书籍、文艺类书籍、生活类书籍、工具类书籍等。科普类书籍要求其插图比较严谨和真实；文艺类书籍是以文学语言为媒介构筑艺术形象的书籍，包括有诗歌、散文、小说等不同体裁，这一类型的插图具有较为自由的表现形式，可以用幻想的、情绪的、夸张的、幽默的、象征的艺术表现手法来丰富文学语言所无法表达的内容。

因此，经过设计者艺术加工绘制而成的书籍插图，也大致可分为二类：一类是科技图解性的插图，这类插图可以帮助读者准确理解书中的内容，以补充文字难以表达的作用。科技类插图的形象性“语言”要力求准确、直观、实际和易于说明问题。另一类是文艺性插图，设计者选择书中有意义的人物和场景用具体的形象描绘出来，以增加读者阅读书籍的兴趣。这使得书籍的可读性和可视性二者更好地结合起来，相得益彰，并且还能通过充分的想象，用设计的艺术的形象来增强文艺作品的感染力，使读者得到“美”的享受，对书中主人公留下更深刻、更形象化的印象。（图5－13至图5－16）

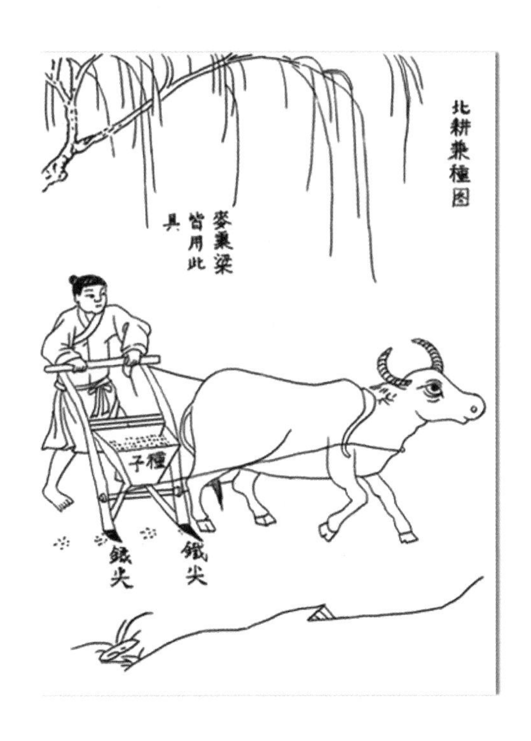

图5－13 《天工开物》插图
（科技图解性的插图）

图5－14　科技图解性的插图

图5－15　不同设计表现风格的《拇指姑娘》插图（文艺性插图）

图5－16　不同设计表现风格的《拇指姑娘》插图（文艺性插图）

第二节　插图设计的创作流程

进行书籍插图的设计创作，是从语言艺术向图形艺术的转换。书籍中的插图是把书籍的思想用只有图片才能阐述的图形语言来展现，它与书籍的思想内容相辅相成，贴切书籍思想内涵并激发读者更多的想象空间。插图设计是一项综合性的创造工作，伴随着现代设计理念的更新而不断发展，设计特色越来越鲜明。(图5－17至图5－24)

在进行插图创作的过程中，要不断积累自身的经验和感受，并结合自己的经验，形成对插图设计独特的认知和理解，这是插图设计创作的前提和基础。插图设计的创作流程大致可以归纳为以下三点：

一、寻找定位

任何的设计都会有一个对象，任何设计都是为了对象而去解决问题的。设计者在接到项目之后，必须经过多方面的沟通，详细了解客户方的意图。然后经过相关方面的调查和资料收集，给自己的设计设定一个准确定位。因此，进行书籍的插图设计一开始离不开“审题”，在对书籍内容深入了解的基础上，与创作团队沟通、交流、查找资料，并最终找到一个既表现书籍精神特征、场景，又适合插图表现的明确的切入点。

图5－17　设计特色鲜明的插图

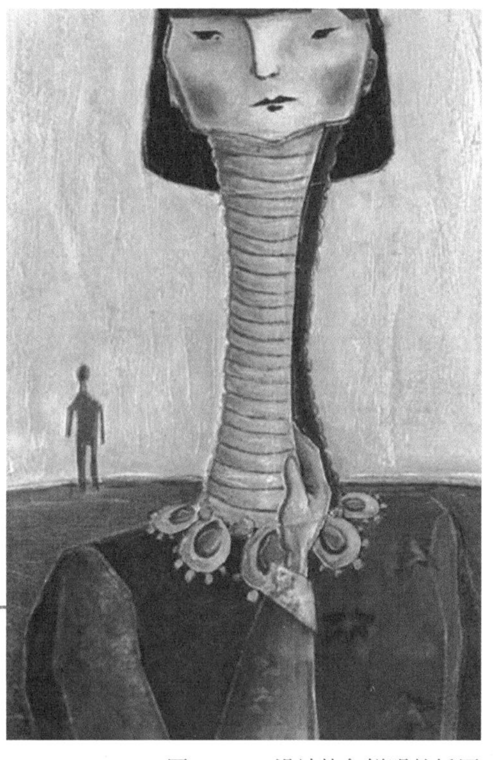
图5－18　设计特色鲜明的插图
Elesavet Lawson作品

图5－19　设计特色鲜明的插图

图5－20　设计特色鲜明的插图

图5－21 设计特色鲜明的插图

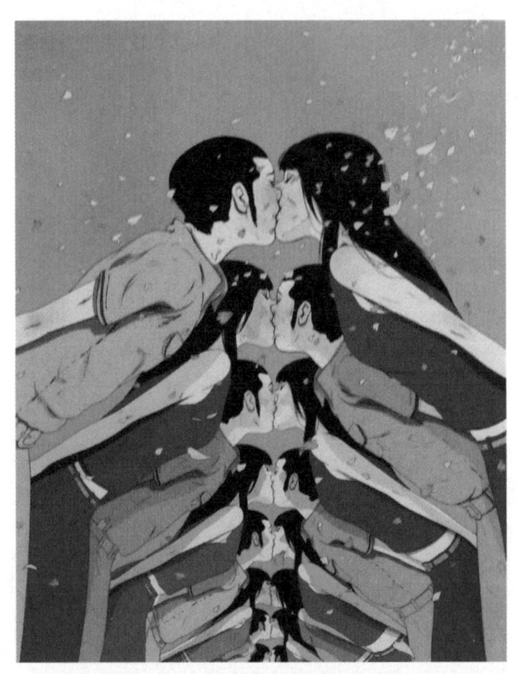
图5－22 设计特色鲜明的插图

图5－23 设计特色鲜明的插图 Ayo Kato作品

图5－24 设计特色鲜明的插图
Camille Rose Garcia作品

二、创意构思

有了设计的明确定位以后，设计者要为这个定位，去寻找一个恰当的创意构思形式。创意构思主要包括的要素有主题的定位、技法表现形式等。在插图设计创作的创意构思阶段，设计者要充分发挥自己的想象力和创造力，抓住生活中的一切灵感，来进行创意构思。我们可以把最初的想法和灵感，先通过草图的形式都记录下来，然后反复比较，进而找到较为贴切的创意和表现形式的切入点。

三、设计制作

基本的创意和基本的表现形式确定以后，就开始进入插图设计的制作定案阶段了。创意构思阶段所作的草图开始进行详细的比对分析，以确定好最适合的方案，为最后的详细绘制做足充分准备。在设计制作阶段要细心、周到，把定案的创意草图再创造地表现和发挥，而不是机械地复制。因为草图往往只是创意构思阶段的基本感觉和形式的把握，它与具体的绘制还是会有一定的出入，必须经过再创作的润色才能把草图最初的感觉和形式更好地表现出来。

第三节 插图的创意设计课题训练

一、插图创意设计的要求

从当代设计理念来审视，插图是一种视觉传递形式，属于“大众传播”领域的视觉传达设计（Visual Communication Design）范畴。随着科学技术的飞速进步和媒体的快速扩展，插图的应用范畴日趋广泛，除了用于书籍之外，还广泛地应用在商业宣传促销、工业产品展示、影视广告制作、展示传媒等各种消费领域里。随之，插图也就拓展出了许多新的形式、风格、主题和内容，也更多地融汇现代设计中各种各样的思想和个性表达。信息化时代的今天，插图已经成为一种信息传播的重要载体，插图不仅仅只限于插附于文字，它已经插附于人们各种需要沟通的思想之中，运用图形的形式对文字语言所要表达的内容作艺术的解释。

插图的创意设计过程中，要求设计者以创造性的思维给予插图以独特的思想和新奇的形式，用插图自身的内容和形式有效地吸引读者的视线，并力求能和读者产生共鸣。进行插图创意设计与制作时，在把握常规性思维的同时，必须要兼顾创造性思维的激发。插图的常规性思维使插图的表现遵循读者的一般印象规律，是读者顺利读图的基本保证；插图的创造性思维则能赋予插图作品以独特的个性魅力，使插图有新的视觉看点。

因此，进行插图创意设计的训练，要对创造性思维的训练进行规范：首先，插图创意的创造性思维要体现鲜明的个性，个性的魅力是征服读者的最好武器。其次，插图创意的创造性思维要稳中求变，作为创造的表现形式之一，“变化”能改变事物在人们心中固有的某些特征和特性，使其在变化中再生，体现新的视觉效果。再有，插图创意的创造性思维还在于“超越”，通过意识的飞跃来与读者产生心灵的交流，使读者的灵魂为之震撼，从而取得良好的沟通效果。

二、课题训练

1. 训练一

（1）训练内容：插图创意设计的思维拓展训练。

（2）训练目的：学会根据一定主题用插图形式进行创造性表现，较好地用图形诠释主题。

（3）案例分析：

① 以“祥云”为主题的思维拓展训练（图5－25至图5－27）

图5－25所示是以“祥云”作为主题的思维拓展训练作品，作者将有驱邪镇宅寓意的石狮子作为表现的主体，将其赋予生命活力，前抓持安家护宅用的叉状武器正全神贯注的守护家宅。随处萦绕的代表安定祥和的祥云，画龙点睛地突出了作品想要表现的主题，也烘托了作品恢宏的气势。

在图5－26所示中，松鹤、祥云都可以代表吉祥的征兆，将两者通过律动的构图结合在一起，再加上柔美的色调，恰到好处地呈现出一种积极向上而又温馨唯美的画面，对“祥云”这一主题做了一个比较好的诠释。

图5－27所示也是以“祥云”作为主题所做的思维拓展训练作品。原始神话中腾云驾雾的神仙们来自于混沌，那他们所乘的云朵也有可能来自于混沌世界。作者从这一假设出发，对生成神仙和祥云的混沌世界暗流涌动的场景做了描述。

图5－25　以“祥云”为主题的思维拓展训练　邓茸作品　指导老师：马莉

图5－26　以“祥云”为主题的思维拓展训练　赖微作品　指导老师：马莉

图5－27　以“祥云”为主题的思维拓展训练　石德俐作品　指导老师：马莉

②以“家园”为主题的思维拓展训练（图5－28至图5－30）

图5－28所示是以“家园”作为主题所做的思维拓展训练作品，作者采用矛盾空间的构图方式来表达城市化进程过快的现象，拥挤的城市建筑被绿色调为主的河流环绕，意在呼吁建设环保健康的生活家园。

图5－29所示是采用黑白表现的形式来突出和强调画面效果，作者以正拿笔绘制图案的手所蔓延开的场景作为主体，结合较为现代和构成感十足的构图，想要突出的是“以手绘家园”这样一个理念，表达的是“自己动手丰衣足食”和“有梦想、敢行动”这样一个共建美好家园的理想。

图5－28　以「家园」为主题的思维拓展训练
胡巧作品　指导老师：马莉

图5－29　以「家园」为主题的思维拓展训练
吴虹作品　指导老师：马莉

图5－30所示的是结合“雾霾”这一当下值得关注的环保问题来进行以“家园”为主题的思维拓展训练，用置换的创意手法帮画面的主人公安插上美丽而又色彩魅惑的蝴蝶翅膀，意在化茧成蝶，努力逃离雾霾污染的环境，期待纯净家园的建设。作品通过较为低沉厚重的整体色调来表现远离环境污染、重视环境保护的呼吁。

③ 以“关爱”为主题的思维拓展训练（图5－31至图5－33）

“捧在手心的关爱”是图5－31所示的以“关爱”为主题进行的思维拓展训练作品。双手呵护所送出的一颗一颗爱心慢慢汇聚成一个具有较强视觉冲击力的装饰性表现形式为主的心形图案，图案中露出的浅色心形部分用剪影人形表现出人与人相互关爱的一些具体场景，再配以似在流淌的水彩色效果色块，传递出爱满人间的美好信息。

图5－32所示也是以“关爱”为主题所做的思维拓展训练，以黑白写实描绘的手法，真实再现盖毯下一只小狗和小猫缩在一起酣睡的温情场景，温暖有爱的画面就是一种“关爱”。

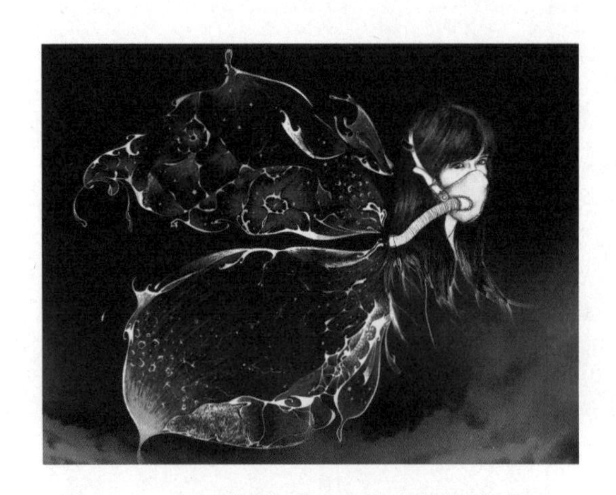

图5－30　以“家园”为主题的思维拓展训练
李晓琳作品　指导老师：马莉

图5－32　以“关爱”为主题的思维拓展训练
吴虹作品　指导老师：马莉

图5－31　以“关爱”为主题的思维拓展训练
余一作品　指导老师：马莉

图5－33所示是一幅可以给人以无限联想的画面：两个好朋友在草地上谈心玩耍，是“关爱”的体现；一对情侣在草地上手牵手散步，互诉思念，也是“关爱”……

2. **训练二**

（1）训练内容：挑选一本书籍的几个重要场景进行插图设计

（2）训练目的：学会根据插图设计的创作流程来进行书籍的插画设计。

（3）案例分析：

①《嘿！夜精灵》书籍插图设计（图5－34）

图5－34所示是作者根据《嘿！夜精灵》小说所设计的插图作品，分别描绘的是夜精灵在玩耍、夜精灵变身、夜精灵的住所外观和夜精灵在积聚能量的场景。

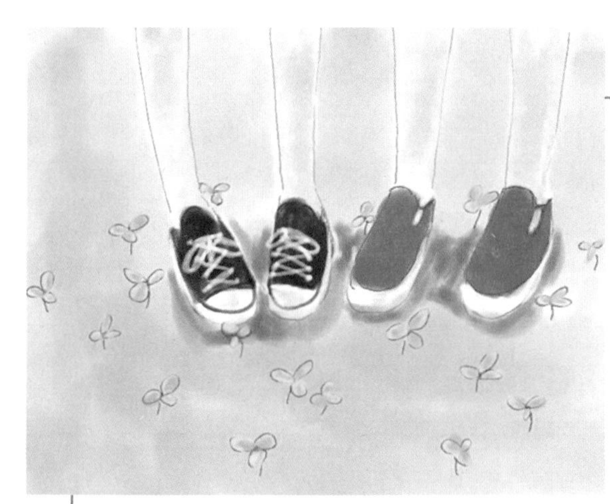

图5－33　以“关爱”为主题的思维拓展训练
王婵作品　指导老师：马莉

图5－34《嘿！夜精灵》书籍插图设计
韦博文作品　指导老师：马莉

②《喵喵家族之真心话大冒险》书籍插图设计（图5－35）

图5－35描绘的是《喵喵家族之真心话大冒险》书籍的插图设计，表现的分别是故事的主人公喵小乐献真心救猫族、暗恋喵小乐的喵无缺回村子传递消息、喵小乐的好朋友兔小欢在海边以烟花许愿、喵小乐与植物对话、喵小乐变身后站在空中海母上和猫族巫师准备施法的插图。

③《山海经》书籍插图设计（图5－36）

《山海经》收录了不少脍炙人口的远古神话传说和寓言故事，是我国的“志怪古籍”。图5－36所示所创作的《山海经》书籍插图设计，分别表现的是“其壮如雕而有角，其音如婴儿之音，能食人”的蛊雕和“其为人面有翼，鸟喙，方捕鱼于海”的讙国人插图。

图5－36 《山海经》书籍插图设计
梁磊作品 指导老师：农琳琳

图5－35 《喵喵家族之真心话大冒险》
书籍插图设计 王婵作品 指导老师：马莉

附：小贴士

关于波隆纳插画展

有“插画届奥斯卡”之称的波隆纳国际儿童书展暨插画大展，自1967年在意大利创办以来，至今已迈入第50届，其不限国籍、不限资历、不限重复入选的原则，也让展览成为各国插画家们较劲的世界舞台。波隆纳世界插画展评选入围作品的标准，包含题材是否有新鲜感，故事内容拥有独特观点、新颖的创作技法与强烈的叙事手法，插画家能用五张创作说一个完整的故事。参展作者均为造诣深厚的插画艺术家，每一件插画作品都具有独特的创意、技巧和艺术感染力，代表了国际插画艺术的发展趋势和艺术水平，对从事插图创作、艺术设计、图书编辑的专业人士具有重要的参考价值。(图5－37至图5－58)

图5－37　波隆纳插图作品

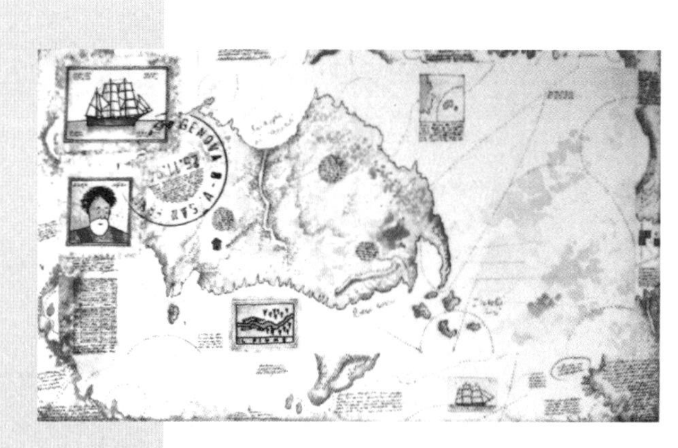

图5－38　波隆纳插图作品

图5－39　波隆纳插图作品

图5－40　波隆纳插图作品

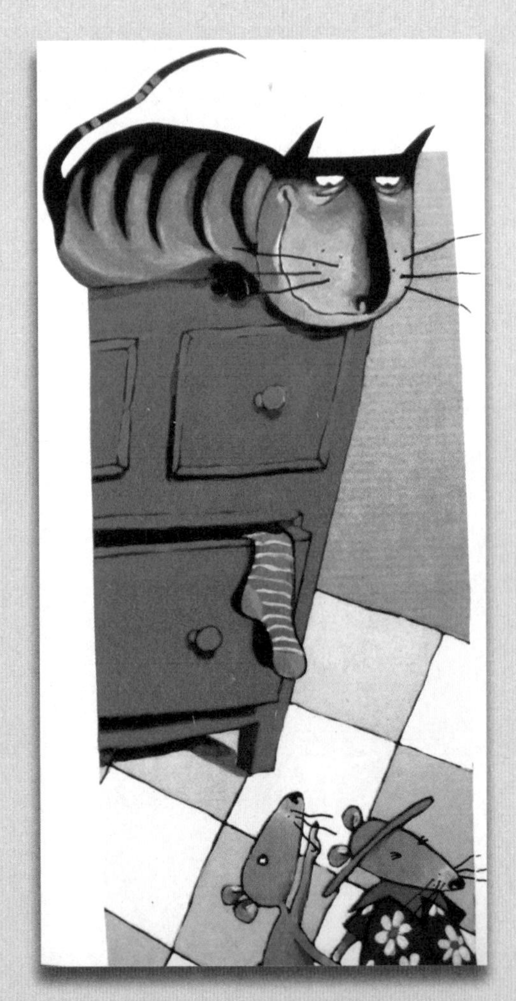

图5－41　波隆纳插图作品

图5－42　波隆纳插图作品

图5－43　波隆纳插图作品

图5－44　波隆纳插图作品

图5－45　波隆纳插图作品

图5－46　波隆纳插图作品

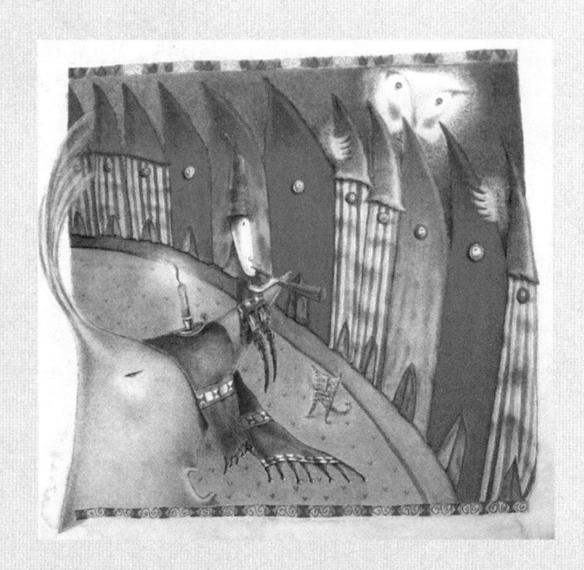

图5－47　波隆纳插图作品

图5－48　波隆纳插图作品

图5－49　波隆纳插图作品

图5－50　波隆纳插图作品

图5－51　波隆纳插图作品

图5－52　波隆纳插图作品

图5－53　波隆纳插图作品

图5－54　波隆纳插图作品

图5－55　波隆纳插图作品

图5－56　波隆纳插图作品

图5－57　波隆纳插图作品

图5－58　波隆纳插图作品

本章思考与练习

1. 插图及插图设计的概念分别是什么？

2. 谈谈插图与书籍的关系及书籍插图的分类。

3. 根据某一命题进行插图创意设计的思维拓展训练。

4. 选定一本书籍进行插图设计的实践训练。要求作品构思及表现形式新颖，能较好体现书籍主题内容，设计至少五张以上插图作品。

第六章　书籍装帧的发展及创新

◆ **学习要点及目标：**

了解新媒介书籍的发展。

了解现代社会人们对书籍的新的需求，感受现代和未来书籍装帧发展新态势。

进行实验性概念书创新设计的实践训练。

◆ **核心概念：**

新媒介、电子书、概念书。

◆ **引导案例：电子阅读器（图6－1）**

电子阅读器是一种手持离线阅读电子书的专用设备，简称E－BOOK。它专门用于显示书籍、杂志、报纸和其他印刷品来源的书面材料的数字版本设备，具有便携式、低能耗、高分辨率等特点。电子书阅读器可以阅读网上绝大部分格式的电子书，比如PDF，CHM，TXT等。大多数情况下，如手机等，也可以被作为电子阅读器使用。

图6–1　电子阅读器

第一节 新媒介书籍的发展

随着科学技术的不断发展创新，数字化媒介在迅速发展着。

一、新媒介及新媒介书籍

1. 关于新媒介

媒介可以理解为传播信息的载体，从媒介传播发展史来看，人类大致经历了三个重要阶段：语言媒介、物质媒介和数字媒介。当下盛行的新媒介是建立在计算机数字技术、现代通信技术和网络技术的基础上发展而来的，以交互式传播方式出现在我们生活的方方面面。与传统的物质媒介相比，新媒介通过电脑、手机等设备，凭借着独有的数字化、网络化和交互性特点使相关信息的传播面更广、内容更丰富、形式更多元，为满足大众的“个性化”需求提供了坚实的基础。

2. 新媒介书籍——电子书

新媒介书籍我们一般称为“电子书”，它是在计算机技术高度发展、普及下产生的一种新的书籍类别。电子书指以互联网和其他数据传输技术为流通渠道，以数字内容为流通介质，综合了文字、图片、动画、声音、视频、超链接以及网络交互等表现手段，同时以拥有大容量存储空间的数字化电子设备为载体，以电子支付为主要交换方式的一种内容丰富生动的新型书籍形态。（图6－2、图6－3）

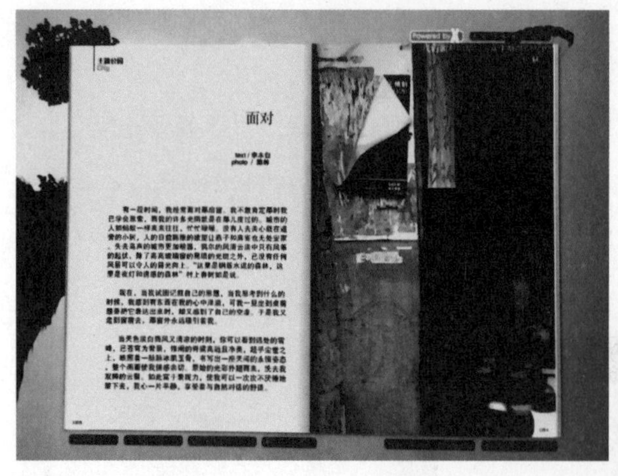

图6－2　电子书页面

图6－3　电子书页面

二、电子书的特点

自古以来，书籍就是传播知识和信息的一个不可或缺的重要途径。无论是过去通过纸质材料作为传播载体的传统书籍，还是现在出现的以新媒介为载体的电子书，它们的主要功能都是向人们提供阅读。但与纸质书籍相比，电子书除了提供读者书籍阅读功能的同时，也有着有新的特点：

1. 存储、携带便利，方便阅读

电子书的存储、携带较为方便，阅读起来相对于传统书籍更为便捷，读者可以轻松地进行掌上阅读而不用手捧厚重的书本。（图6－4）

2. 表现效果丰富、灵活

电子书利用自身新媒介的特性，让读者从单一的视觉感官之中转变过来，通过声音、动画、视频等多媒体手段，实现书籍与读者的“互动”，为读者提供一个三维立体的阅读感受空间。（图6－5）

3. 绿色环保，低成本，高传播效率

电子书不用印刷，不受印刷工艺的限制，相比之下更为环保，符合无纸化的绿色理念。

同时，电子书依托互联网，使读者能不受地域限制来选购书籍并在第一时间下载，缩短了书籍的购买过程，效率得到极大提升。（图6－6）

电子书籍的数字化、个性化特点正影响着人们对于书籍的认识。电子书的创新设计离不开设计者对媒介的运用，电子书有着自己独特的个性，设计者要利用新媒介的特点来对其进行设计。

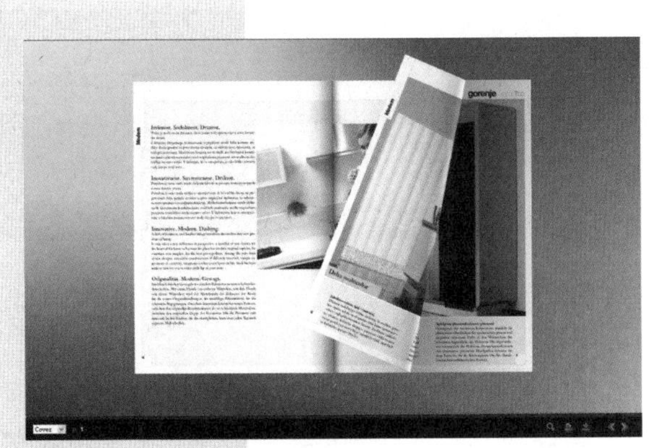

图6－4　方便阅读的电子书

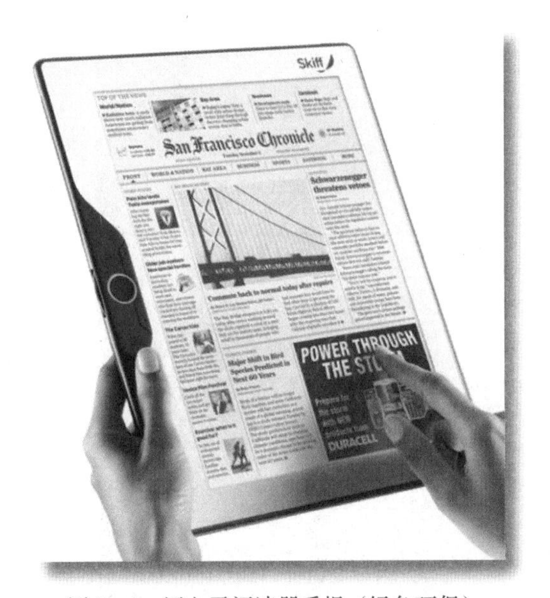

图6－6　用电子阅读器看报（绿色环保）

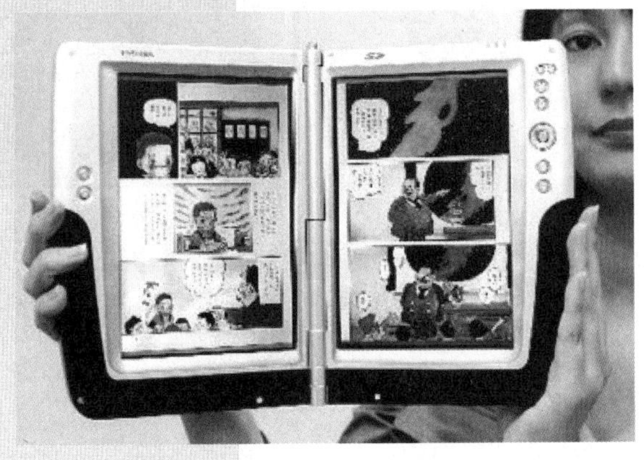

图6－5　儿童点读机中的电子书（表现效果丰富、灵活）

第二节 概念书籍设计

科技的发展带动人们生活方式的改变和生活质量的日益提高，人们对书籍的审美和功能也有了全新的需求，渴望看到具有创新理念、符合时代精神、有新突破的书籍设计成果。这促使书籍装帧设计者，对未来概念性书籍的设计做出新的思考和探索，对书籍装帧设计现状做出相应的改变和突破。

一、概念书籍设计的概念

概念是人们对一个复杂过程或事物的理解，是抽象的、普遍的想法和观念，它引导人们用全新的思维和表现手段来诠释对象的本质内涵。概念书籍设计就是将书籍设计艺术形态在表现形式、材料（如木质、纤维等材料）工艺上进行新尝试，强调观念性、突破性与创造性的视觉艺术。它以崭新的视角和思维去表现书籍的思想内涵，在人们对书籍艺术的审美和书籍的阅读习惯以及接受程度上探寻未来书籍设计发展新方向。(图6－7至图6－12)

“概念书”是对常规书籍形态进行的大胆创新，以创造出既有书籍本质特征，又与众不同、有新意的书籍为出发点。从我国书籍形态的历史演变来看，书籍的形态经历了从简策装到卷轴装再到线装的发展变化，每一种形态都为书籍提供了一种概念上的诠释。

图6－8 《Devinyl》书籍（镂空形式为主的书籍设计）

图6－7 《Bh.ACO艺术展推广手册》书籍
（表现形式新颖的书籍设计） Base设计工作室作品

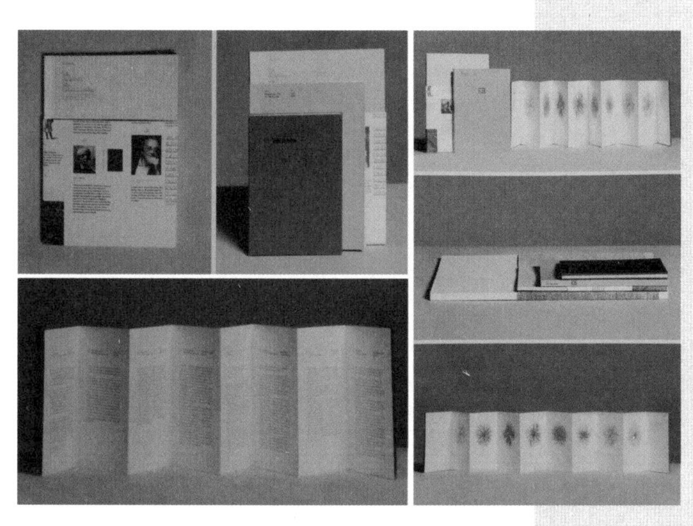

图6－9　《种族灭绝》书籍（表现形式新颖的书籍设计）　Hila Ben-navat作品

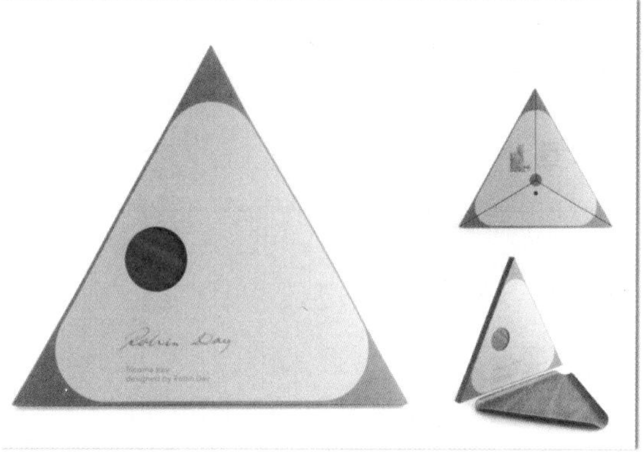

图6－11　《为卢西恩内和罗宾·戴》书籍（使用特色材料的书籍设计）　Leigh Simpson作品

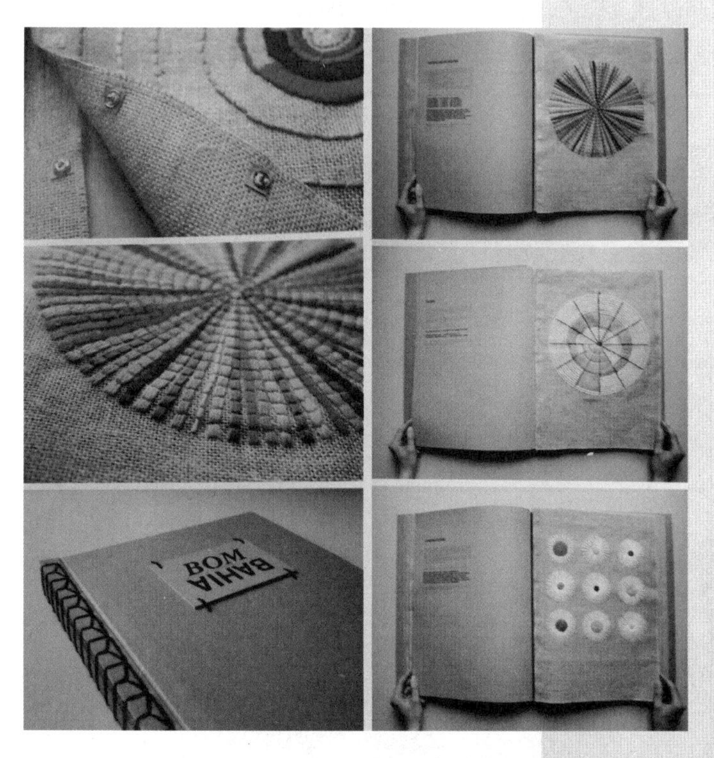

图6－10　《孟买》书籍（使用特色材料的书籍设计）　路易莎·布鲁诺特作品

图6－12　《OUBEY 心灵之吻》书籍（使用特色材料的书籍设计）　Roy Rub作品

二、概念书籍设计的创新发展

概念形态的设计为书籍装帧设计提供了新的思维方式和各种可能性，“概念书”已经成为当今书籍装帧界探求的目标之一，无论是从阅读方式、携带方式、材料应用与形态塑造上都可以进行新的探索和创新尝试。

表达某种概念的同时保留住传统书籍的本质特征，进而创造出形意完美融合、新形态的书籍是概念书籍设计的追求。概念书籍设计的创意与表现可以从书籍设计的构思、版式设计、封面设计、形态、材质等环节入手，运用各种设计元素，尝试组合使用多种设计语言。它可以是对新材料和新工艺的尝试；可以是采用新的异化形态，提出新的阅读方式与信息传播接受方式；可以是对现有书籍设计的批判与改进；也可以是对过去的或是对未来的书籍的想象性设计；还可以是对书籍新功能的开发。在概念书籍设计的过程中，无论是书籍的规格、材质、色彩还是开合方式、空间构造等都没有严格的规定或限制。（图6－13至图6－22）

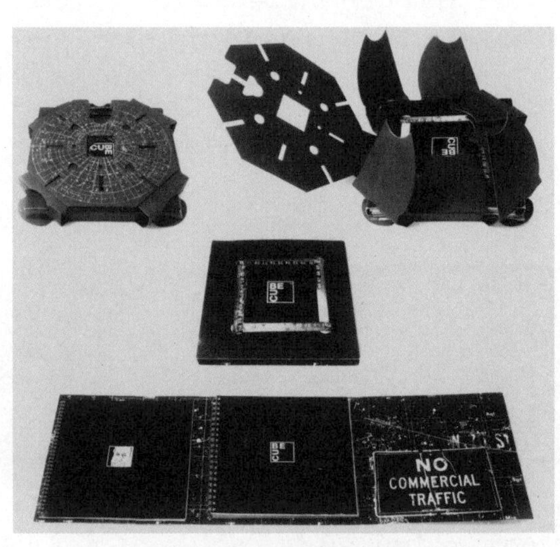

图6－13　新形态的书籍设计

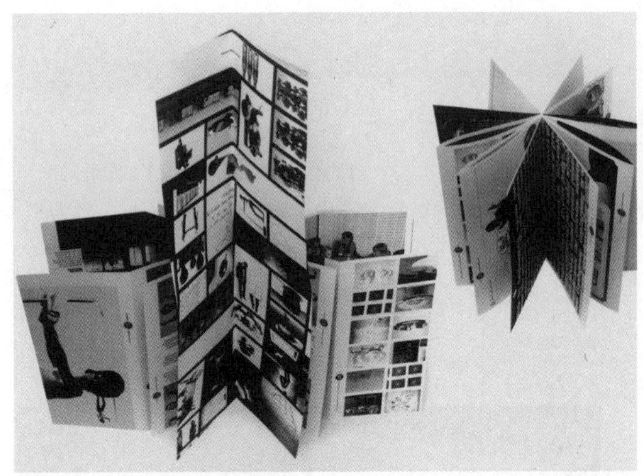

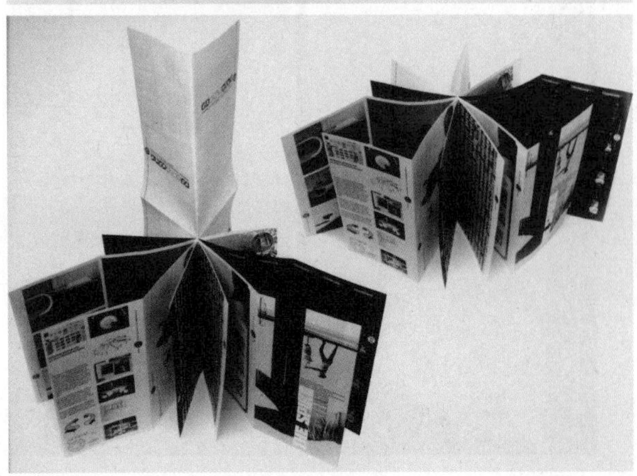
图6－14　《Goping目录册》书籍（新形态的书籍设计）
Leo Scherfig作品

图6－15　《Infra Noir》书籍（新形态的书籍设计）
歌德蒙特·埃罗作品

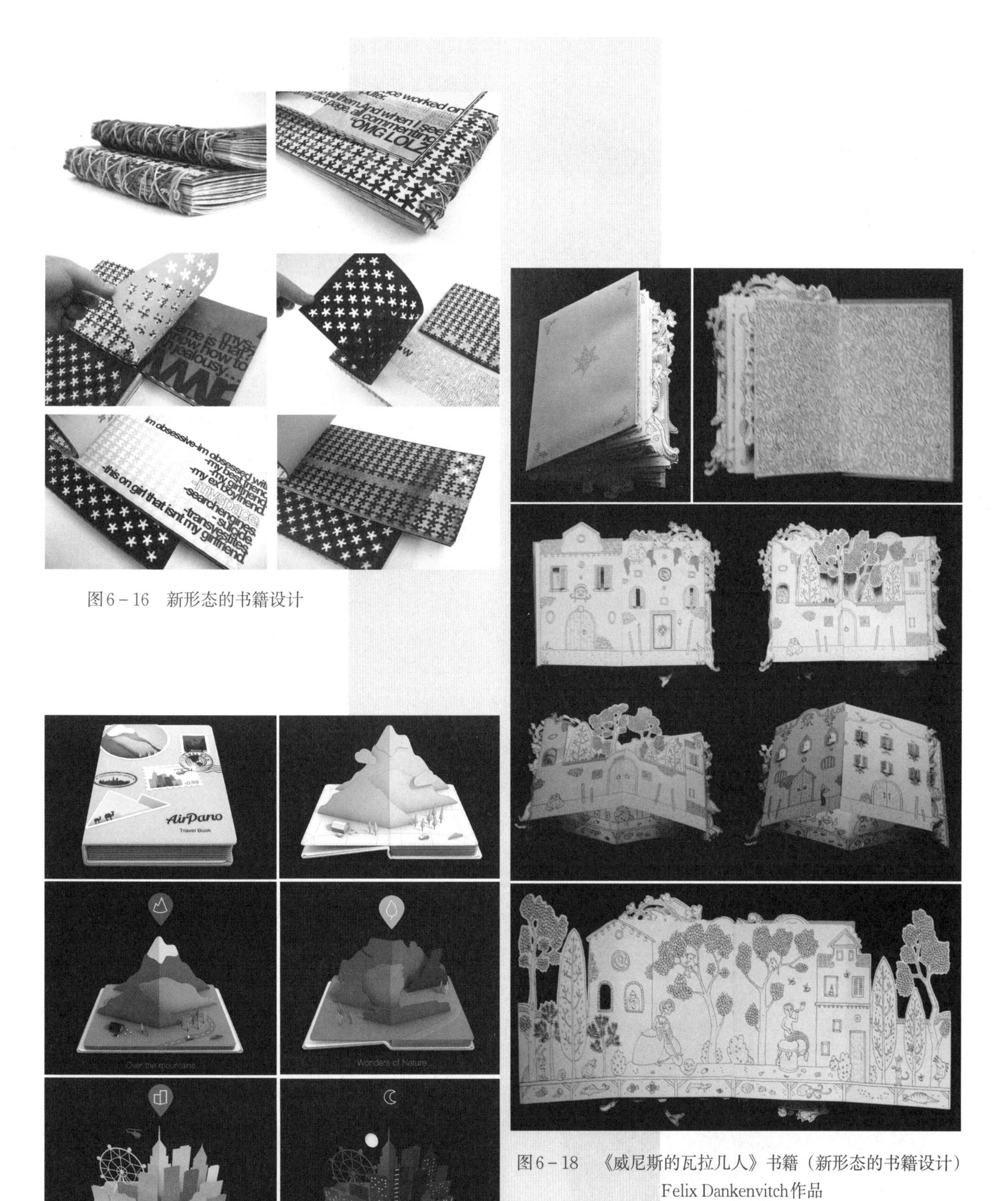

图6－16　新形态的书籍设计

图6－17　《AirPano》旅游书籍（新形态的书籍设计）

图6－18　《威尼斯的瓦拉几人》书籍（新形态的书籍设计）Felix Dankenvitch作品

图6－19 《Tasseology》书籍
（新形态的书籍设计） 许琳娜作品

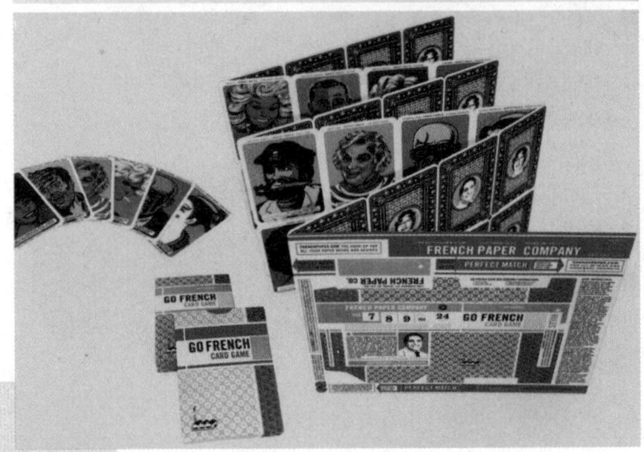

图6－21 《样品手册和推广计划》书籍
（色彩丰富的新形态书籍设计） Charles S.Andrson作品

图6－20 《季节性的促销活动》书籍
（色彩丰富的新形态书籍设计） Leigh Simpson作品

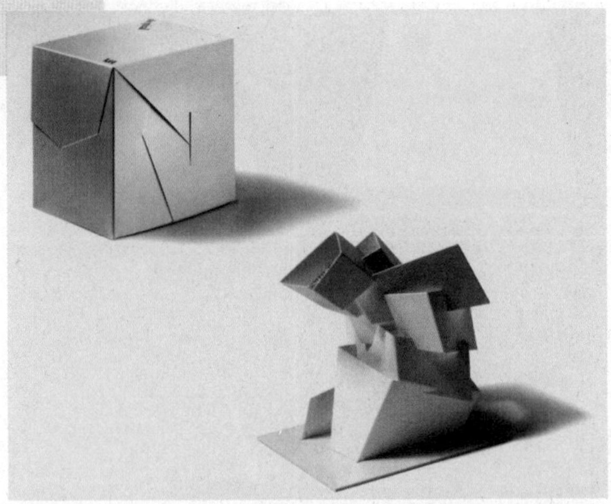

图6－22 《The Spiral》书籍（开合方式新颖的
新形态书籍设计） Johnson Banks作品

在我国，概念书籍设计探索是大专院校视觉传达设计专业探索性的书籍装帧设计课程实践性教学活动的重要组成部分，对书籍设计自身发展创新，对学生思维的锻炼、创意及动手能力的提高，综合素质的培养都有很大的效果。(图6－23至图6－27)

图6－23　《SHE》概念书　苏小婷作品　指导老师：马莉

图6－24　《我的美食》概念书
黄诗蕾作品　指导老师：马莉

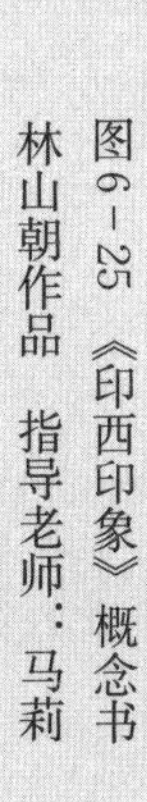

图6－25　《印西印象》概念书
林山朝作品　指导老师：马莉

图6－26 《Coffe》概念书
欧阳珮颖作品　指导老师：马莉

图6－27 《旅途》概念书
刘霞作品　指导老师：马莉

第三节　实验性概念书籍创新设计课题训练

一、进行实验性概念书籍创新设计的要求

进行实验性概念书籍设计是对学生创意思维、设计能力、设计素养的综合锻炼与表现，求新求变是它的宗旨。概念书籍设计不受太多条条框框的制约，在创意上注重实验性的探索，创意思路可以更为开阔。

创造出形意完美融合，新形态的书籍，是概念书籍设计的一个重要评价标准。但概念书籍设计的最终目的还是传递信息、传播知识，这就要求设计者在进行设计时不能只一味追求“怪异”的形态，如果概念书籍设计展开外形后便失去书籍的本质，这就失去了“概念书籍”设计的意义。概念书籍设计不仅是在书籍外部表现形式上的创新，更多的是从书籍的深刻内涵出发，将“概念性”的创意形式和内容完美地融合，达到真正具有全新视觉冲击的书籍装帧设计实践尝试。

二、课题训练

1．训练一

(1) 训练内容：表现形式新颖的实验性概念书籍设计。

(2) 训练目的：探索较为新颖的书籍设计表现形式。

（3）案例分析：

①《MOTHER BOOK》概念书（图6－28）

图6－28所示中的实验性概念书设计作品以女性怀孕周期乳房和肚子的微妙变化作为创意出发点，并将这些变化过程用大小不同的圆形镂空的方式来进行较为形象的呈现。一页一页翻阅下来，一回首，能从翻过的页面里感受到女性怀孕的艰辛和不易。

②《七彩人生》概念书（图6－29）

在《七彩人生》概念书的设计中，作者将人生与色彩相结合，赋予色彩以特殊的寓意。如图中作品的成就与红色调的结合，奋斗与绿色调的结合等，都是作者对于相关词语的色彩情感理解的体现。作者采用构成的方式将每个色调对应的词语的笔画结构进行一定的分割，并在每个块面都填充上相应色调的颜色，字形则留白。同时在每一页的某一个部位做镂空处理，使得前页或者后页透出来的刚好是本页也可以适用的颜色，通过这样的一种处理方式，使得前后页面具有更好的衔接性，进而体现“红橙黄绿青蓝紫”色彩之间的循环相生关系。

③《桂林印象》概念书（图6－30）

图6－30所示可以算是作者对学习生活多年的桂林的一个总体印象的呈现，桂林最为有特色的当属山水风光，作者选择以手绘的形式将桂林的著名风景用相对抽象有趣的面貌展示。书籍的选材作者也将桂林特色作为出发点，选用桂林特有的棉麻布来作为材料，以手工缝制的形式做出成书的框架，再直接

图6－28《MOTHER BOOK》概念书
唐华穗作品：马莉

图6－29 《七彩人生》概念书 何炽鉴作品 指导老师：马莉

图6－30 《桂林印象》余一作品 指导老师：马莉

用丙烯颜料在书页上作画。并且把书籍内页的每一正反两页都采用下方缝合，上方开口的形式制成一个口袋，每一页都可以放入一些卡片、明信片类的东西，丰富了书籍的整体设计效果。

2. **训练二**

(1) 训练内容：关注书籍材料运用的实验性概念书籍设计。

(2) 训练目的：探索不同材料在的书籍设计中的合理运用。

(3) 案例分析：

①《梵木作》概念书（图6－31）

这是作者为专门从事木制工艺品制作的创意工坊“梵木作”所设计的宣传性质的书籍。作者根据该创意工坊的特点，选用纹理突出，较为精致的木制材料来作为书籍设计的封面，前后封面的连接也独具匠心地采用传统木制工艺常用的结合方式来进行处理。书籍内页选用同样符合工坊特色的牛皮纸，由内而外地通过材料的运用体现书籍特色。

图6－31　《梵木作》概念书　邓日光作品　指导老师：马莉

②《汉服——女篇》概念书（图6－32）

图6－32所示是作者为《汉服——女篇》所做的实验性概念书设计。汉服是中国古代传统服饰，特色十分鲜明，其中的女性服饰更是变化丰富。而中国女性自古以来含蓄温婉，不轻易表露风情的特点也在汉服中有一定的体现。作者以此为创意点，直接为简化的女性上半身缝制上层次多样的各种汉化衣服。每一页的服饰层层打开，都有一段诗经中对于女性进行描绘的文字，进一步体现中国女性的特色。书籍中各种服饰选用的布料颜色整体素雅，也是中国女性的特色的体现。

③《草本清凉》概念书（图6－33）

《草本清凉》概念书的作者非常有心，为了能最为生动地体现书籍所介绍的内容，以相应的植物标本

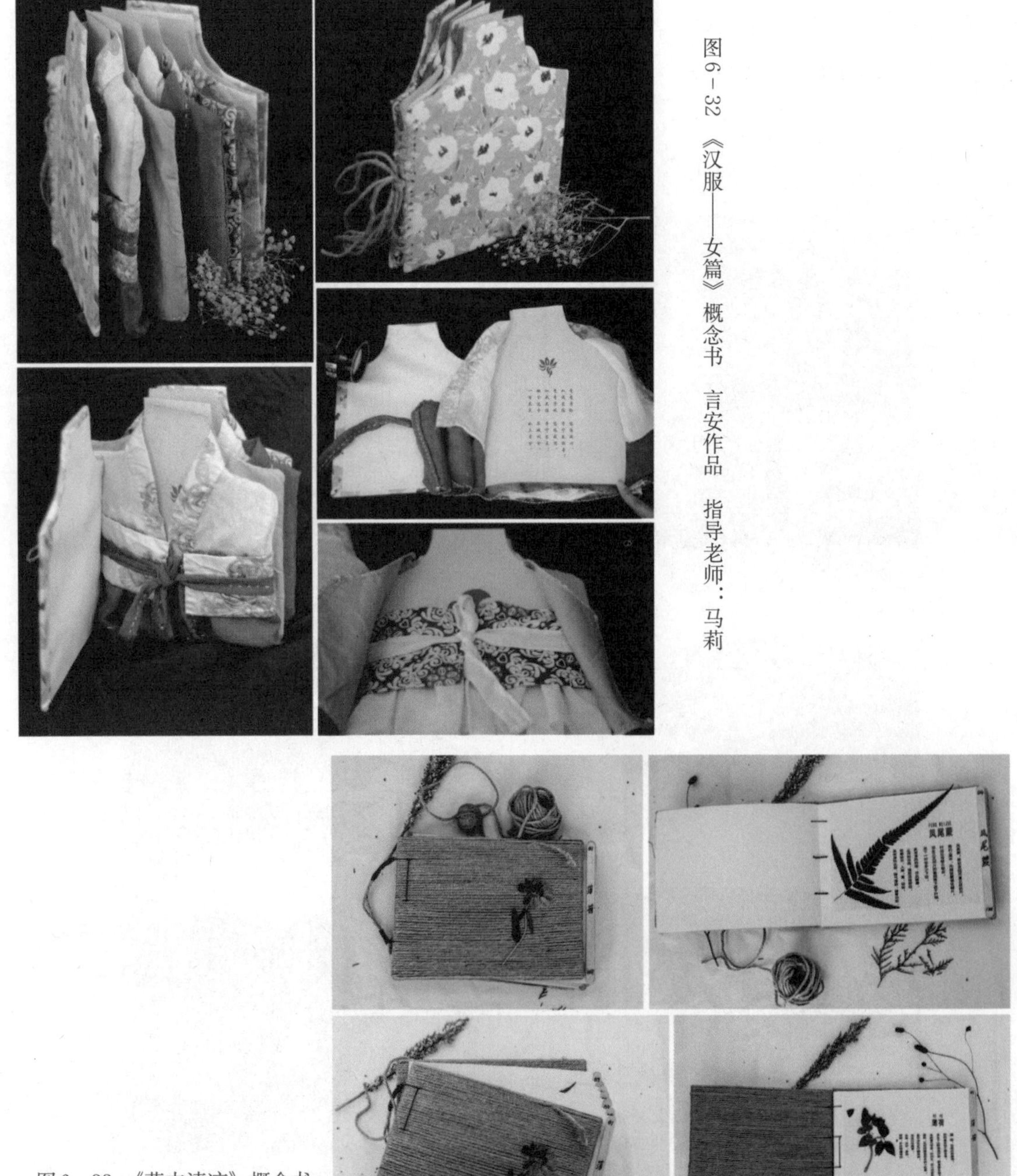

图6－32 《汉服——女篇》概念书 言安作品 指导老师：马莉

图6－33 《草本清凉》概念书
朱志宇作品 指导老师：马莉

来作为表现材料，书籍的封面和订口处也都选用较为朴质的材料，以麻绳缠绕和木条封订的方式来处理。

3．训练三

（1）训练内容：关注书籍新形态的实验性概念书籍设计。

（2）训练目的：探索各种新形态在的书籍设计中的合理运用。

（3）案例分析：

①《毕业歌》概念书（图6－34）

图6－34所示中的实验性概念书设计，作者很好地抓住了书籍的主题，以能较好地代表音乐的光盘外形来作为书籍的造型形态，“毕业歌”的音乐之感不言而喻。

②《儿时游戏经典》概念书（图6－35）

这是作者对儿时游戏的珍贵记忆，作者运用上下分开，并且两边开页的翻书方式来作为书籍形态的设定，巧妙地将儿时游戏所需的电视机和游戏手柄链接在一起，趣味十足。

图6－34　《毕业歌》概念书　胡世丽作品　指导老师：马莉

图6－35 《儿时游戏经典》概念书　谢浩基作品　指导老师：马莉

③《旗袍志》概念书（图6－36）

《旗袍志》是以介绍旗袍的历史为主的书籍，旗袍是最能体现穿者婀娜身段的服饰，作者根据旗袍的这样特色，将体现身形的各种旗袍作为书籍的形态，采用散装的形式，每一件旗袍形态展开都是书籍的内页。

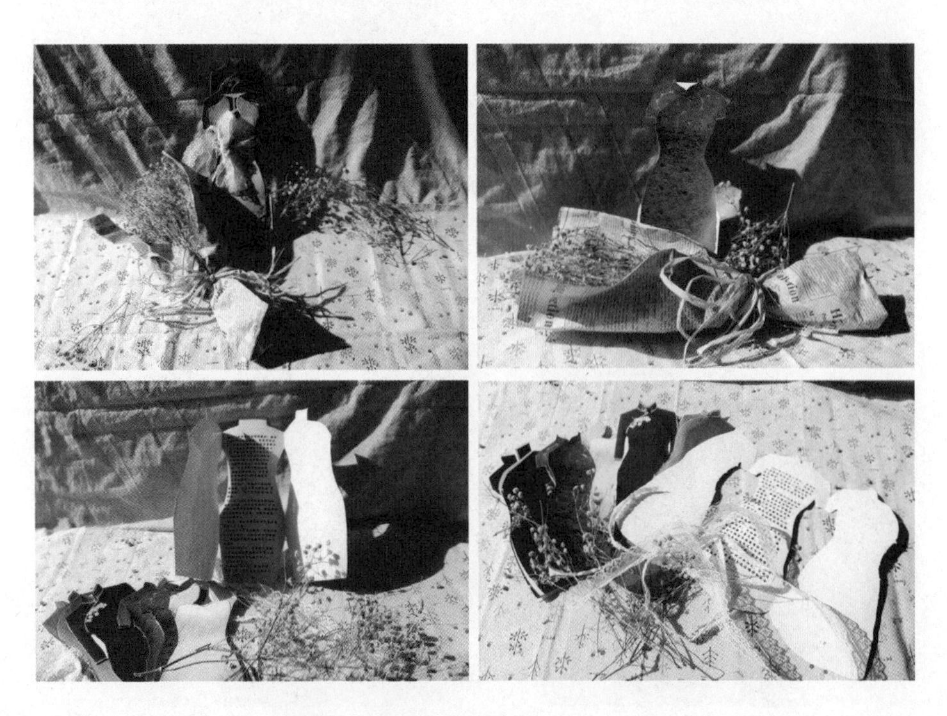

图6－36 《旗袍志》概念书　黄晓静作品　指导老师：马莉

附：实验性概念书籍创新设计课题训练作品欣赏（图6－37至图6－46）

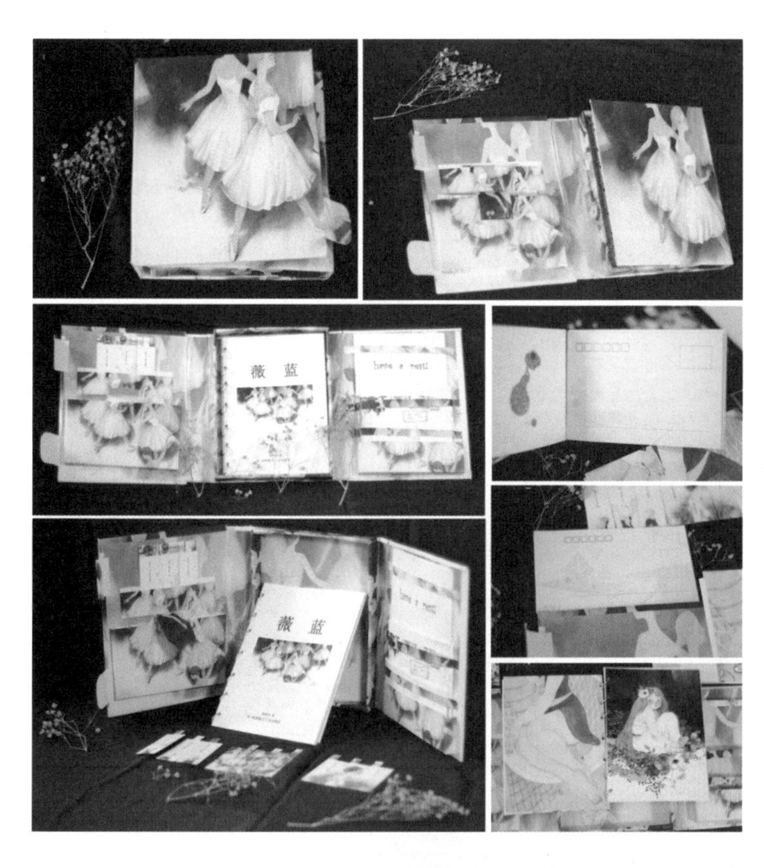

图6－37　《薇蓝》概念书　陈彩玲作品　指导老师：马莉

图6－38　《影像》概念书　黄鸿飞作品　指导老师：马莉

图6－39　《冬记》概念书
钟茂奇作品　指导老师：马莉

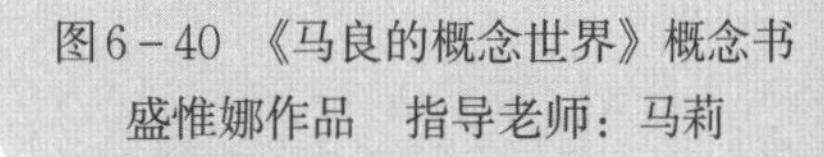
图6－40　《马良的概念世界》概念书
盛惟娜作品　指导老师：马莉

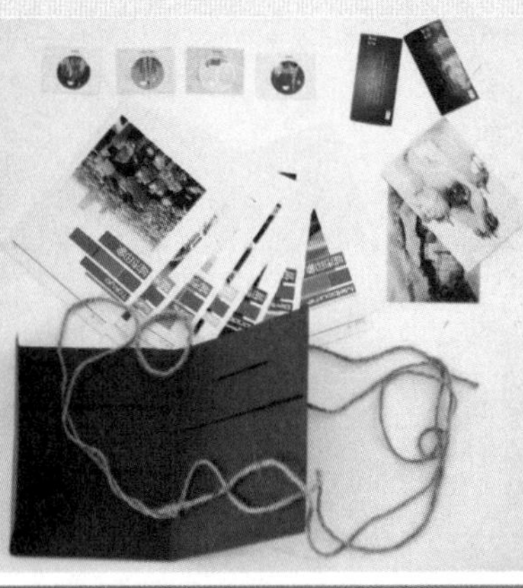
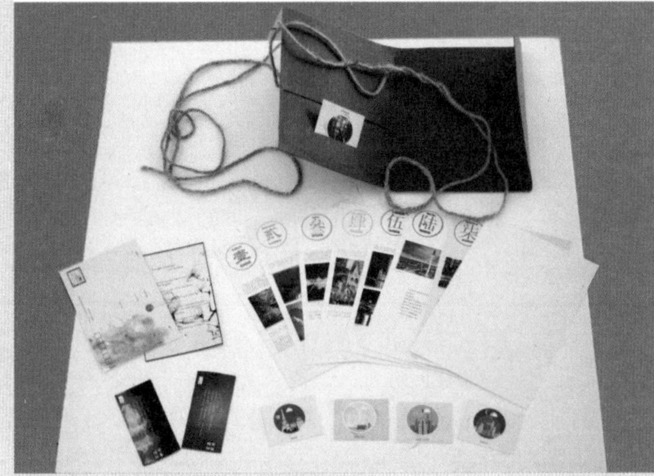

图6－41 《旅行日记》概念书
崔公新作品　指导老师：马莉

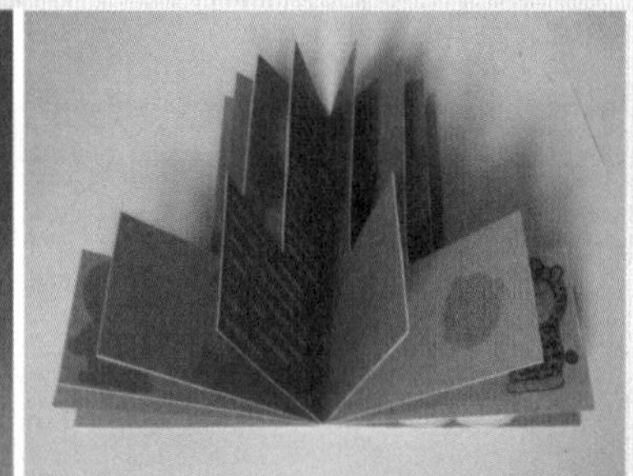

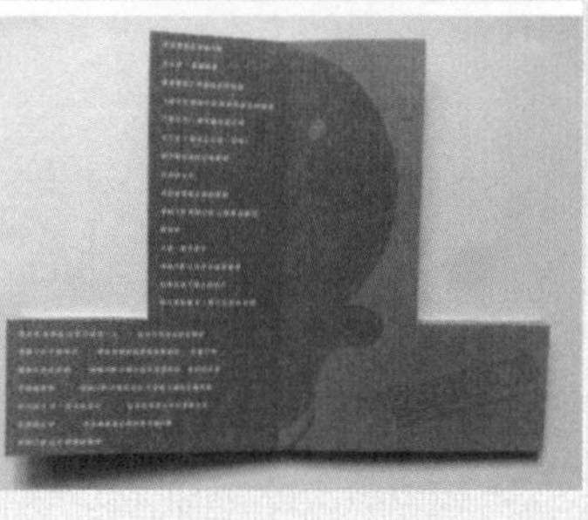

图6－42 《哆啦A梦》概念书
吕玉先作品　指导老师：马莉

图6－43 《Mew》概念书 程冰茹作品 指导老师：马莉

图6－44 《美味食谱》概念书 刘良作品 指导老师：马莉

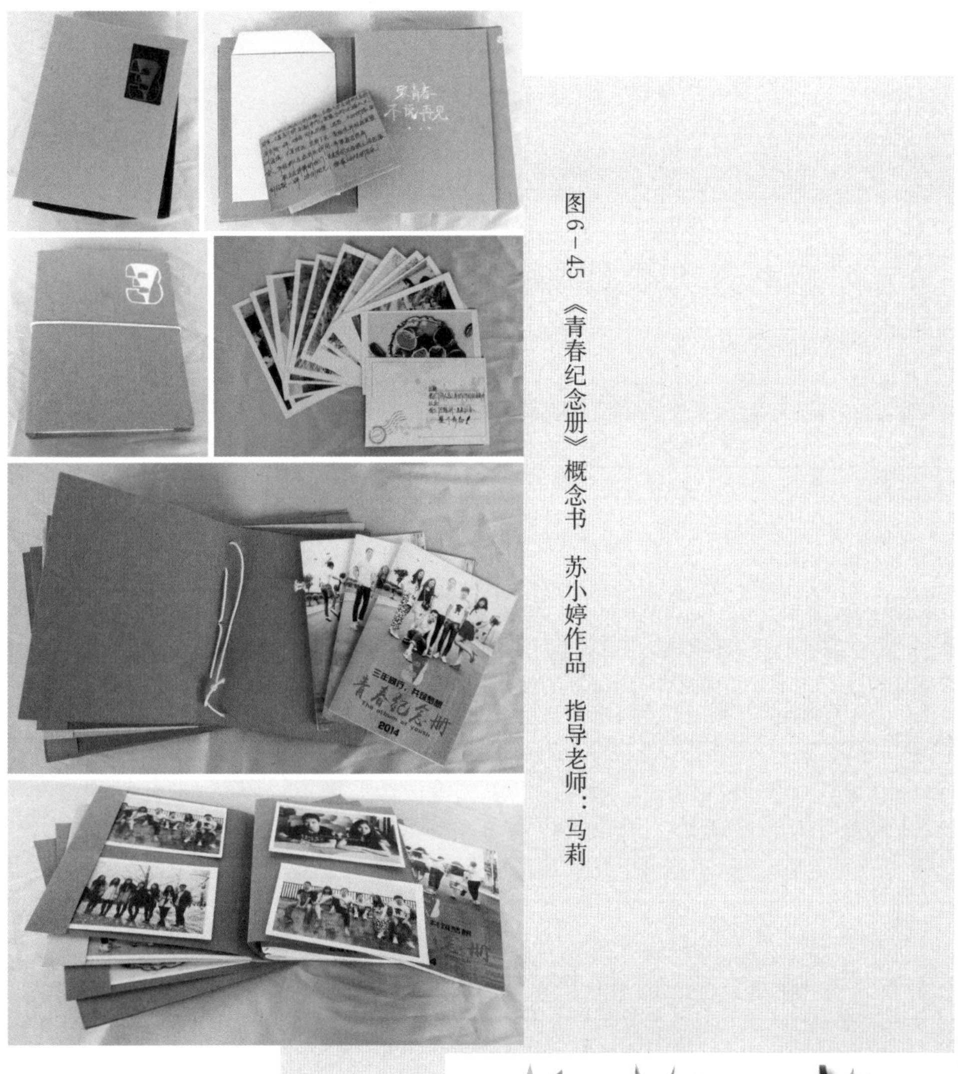

图6－45《青春纪念册》概念书　苏小婷作品　指导老师：马莉

图6—46《海贼王》概念书
禹晴作品　指导老师：马莉

本章思考与练习

1. 谈谈现代社会人们对书籍的新的需求，感受现代和未来书籍装帧发展新态势。

2. 选定主题进行实验性概念书籍创新设计的实践训练。要求进行书籍的整体设计并做出成书，书籍的开本、材料、造型、表现手段充分反映时代特色、创意新颖，具有一定个性特点。

第七章 “最美的书”作品赏析

◆ 学习要点及目标：

了解“世界最美的书”及“中国最美的书”等高水准的优秀书籍设计评选活动。

欣赏“世界最美的书”及“中国最美的书”等评选活动入选的优秀作品，开阔眼界。

◆ 引导案例：获得2016年“中国最美的书”荣誉的25种图书（图7－1）

在2016年度“中国最美的书”评选活动中，来自全国各地18家出版社的25种图书荣膺本年度“中国最美的书”称号，并将代表中国参加2017年度的“世界最美的书”评选。受“中国最美的书”评委会聘请，荷兰图书艺术基金会理事长朱迪丝·斯霍尔滕（Judith Sholten）、日本设计师铃木一志（Suzuki Hitoshi）、中国上海设计师袁银昌、中国北京设计师刘晓翔、中国广东设计师吴勇、中国香港设计师陆智昌和中国澳门设计师张国伟一起担任本年度“中国最美的书”特邀评委。评委会的评选原则是，既要与“世界最美的书”的评选要求相接轨，又应反映出中华文化的特质和精髓。

图7－1　获得2016年“中国最美的书”荣誉的25种图书

第一节 “世界最美的书”作品赏析

一、“世界最美的书”评选活动介绍

德国莱比锡“世界最美的书”评选已有近百年历史。这个历史悠久的评选每年一届，具有相当高的学术性和文化价值，有严格的评选标准和原则、完备的评选程序与规则，评选结果及获奖作品堪称艺术杰作，对国际书籍艺术潮流有引导和示范作用。该评选会在上一年出版的图书中评出包括金奖一名、银奖两名、铜奖五名、荣誉奖五名以及评委会大奖在内的14本图书，之后这些获奖图书都会在当年的莱比锡书展和法兰克福书展与读者见面，并在世界各地巡展。“世界最美的书”评奖委员会认为“最美的书必须有合适的字体，以及包括扉页、附录在内的美观的版面设计，书籍作为一个整体，包括纸张、护封、封面、环衬和印刷等要素，成为一个和谐的统一体，并在使用时感到方便。”

2016年拿下“世界最美的书”评委会大奖Golden Letter的是荷兰设计师Titus Knegtel的个人出版物《Other Evidence》，这是一本以1995年超过8000人遇害的斯雷布雷尼察大屠杀为主题的书籍。设计者希望用干净利落、客观冷静的态度来缅怀逝去者，并以艺术化的手法来纪念这一事件。书籍的整体装帧并不复杂，由两部分组成，仅通过简单的铆钉对折装订成书。(图7－2)

图7－2 2016年“世界最美的书”评委会大奖
《Other Evidence》书籍设计 Titus Knegtel作品

同年，将金奖收入囊中的是我国选送的书籍设计作品《订单——方圆故事》。该书是广西美术出版社出品的吕重华作品，讲述西安一家私营美术书店的发展史，书籍装帧设计的作者是李瑾。2015年“中国最美的书”评委会给出的评语是：封面采用包装纸，书名仿照订单，选材和设计都很新颖；以出版社往来信件开头，每一页的签名都附上不同的肖像，趣味十足且富有个性；此外打破常规，在前言和目录之间插入图片，激发读者去探寻和发现。（图7－3）

而另一本获颁铜奖的我国选送书籍设计作品《学而不厌》，出自江苏凤凰美术出版社，这本教育类书籍的作者是周学，书籍装帧设计作者为曲闵民和蒋茜。这本书以宣纸与中国书画相结合来呈现中国传统文化的美，封面用绘画装裱形式制作，裸背装订方式便于翻阅，就像是古籍善本。（图7－4）

2017年2月，由“中国最美的书”评委会选送的25种参评书籍作品中，《虫子书》和《冷冰川墨刻》分别荣获银奖和荣誉奖。《虫子书》是广西师范大学出版社出版的作品，由朱赢椿、皇甫珊珊设计。本书作者兼设计者每天与工作室的各色虫子朝夕相处，收集它们在叶子上啃咬或纸张上爬行后留下的痕迹。经过处理形成一幅幅形态各异的“作品”。2016年“中国最美的书”评委会给出这样的评语：全书内页没有文字，由虫子留下的爬行痕迹构成。经过非常细致的观察与处理，虫子们一幅幅形态各异的“作品”具有了书法与文本的气韵，妙趣天成，一本“假书”横空出世。黑、白与浅驼色的沉稳搭配以及整洁利落的装订使整本书十分素雅端庄。（图7－5）

《冷冰川墨刻》由海豚出版社出版，书籍装帧设计者为周晨。这本书的内容是旅居西班牙画家冷冰川黑白墨刻作品的合集，该书还曾获2016年美国印制大奖“班尼奖”金奖。2016年“中国最美的书”评委会给出的评语是：图书封面有刀刻的痕迹，与文本主题高度契合。整体设计的气质比较稳重大方。书籍内黑色部分运用得当，黑白辉映传递出优雅的气质。（图7－6）

二、“世界最美的书”我国获奖作品赏析

一直以来，不少曾获得“中国最美的书”的优秀中国书籍设计作品会选送参评“世界最美的书”评选活动。要从全世界的图书中杀出重围，的确难度不小。曾担任过该奖项评委的我国著名书籍设计师吕敬人先生谈到，最终获奖的书并不都是光彩夺目的，有的甚至有点“灰头垢面”，“评委们坚持认为书籍审美不是单一的装帧好坏，而特别强调一本书内容呈现的传达结构创意、节奏空间章法、字体应用得当、文本编排合理、材质印制精良以及阅读的愉悦感，其中最看重编辑设计思路与文本结构传递的出人意表，以及内容与形式的整体表现。”

1.《梅兰芳（藏）戏曲史料图画集》（图7－7）

2004年“世界最美的书”金奖作品《梅兰芳（藏）戏曲史料图画集》是由河北教育出版社出品，书籍的封面设计是张志伟，版式设计是蠹鱼阁（申少君）和高绍红。该书设计为一函两册，传统样式却充溢着现代技术美感的精致装帧，古雅大方，一着眼便令人赏心悦目。整本书采用中国传统线装方式，书籍外壳烫金，字体用凹版印刷，打开方式是自右向左，读者也能从纸张的色彩、重量，到装订风格、外包装设计等细节中体会到设计者的匠心。当时的莱比锡图书艺术基金会主席乌塔·施耐特女士对这本书的评价是“完美”二字。她说，《梅》书几乎把所有的图书装帧方式都用尽了。

2.《土地》（图7－8）

湖南美术出版社出版的《土地》是2005年“世界最美的书”荣誉奖的获奖作品。该书设计由曾在各

图7-3 2016年“世界最美的书”金奖
《订单——方圆故事》书籍设计 李瑾作品

图7-4 2016年『世界最美的书』铜奖
《学而不厌》书籍设计曲闵民 蒋茜作品

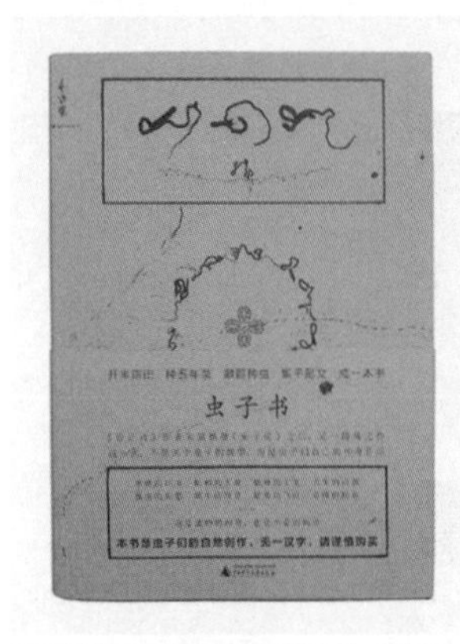

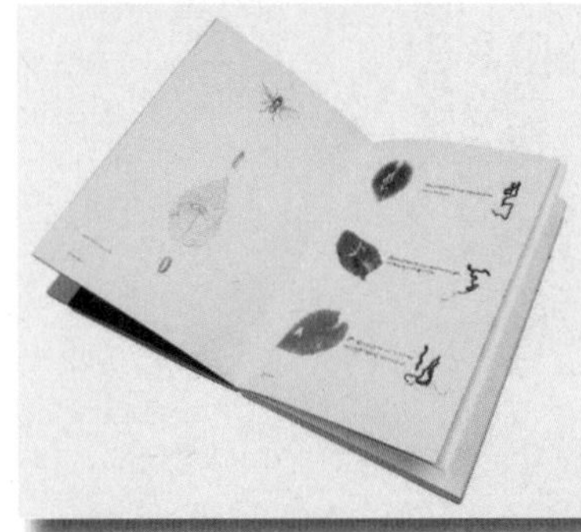

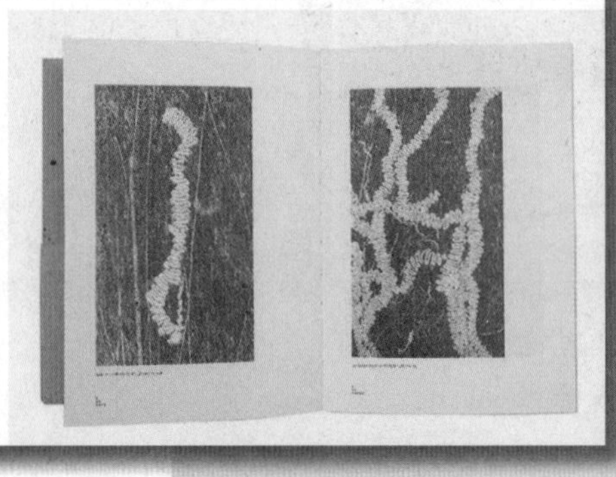

图7－5　2017年“世界最美的书”银奖
《虫子书》书籍设计　朱赢椿　皇甫珊珊作品

图7－6　2017年『世界最美的书』荣誉奖
《冷冰川墨刻》书籍设计　周晨作品

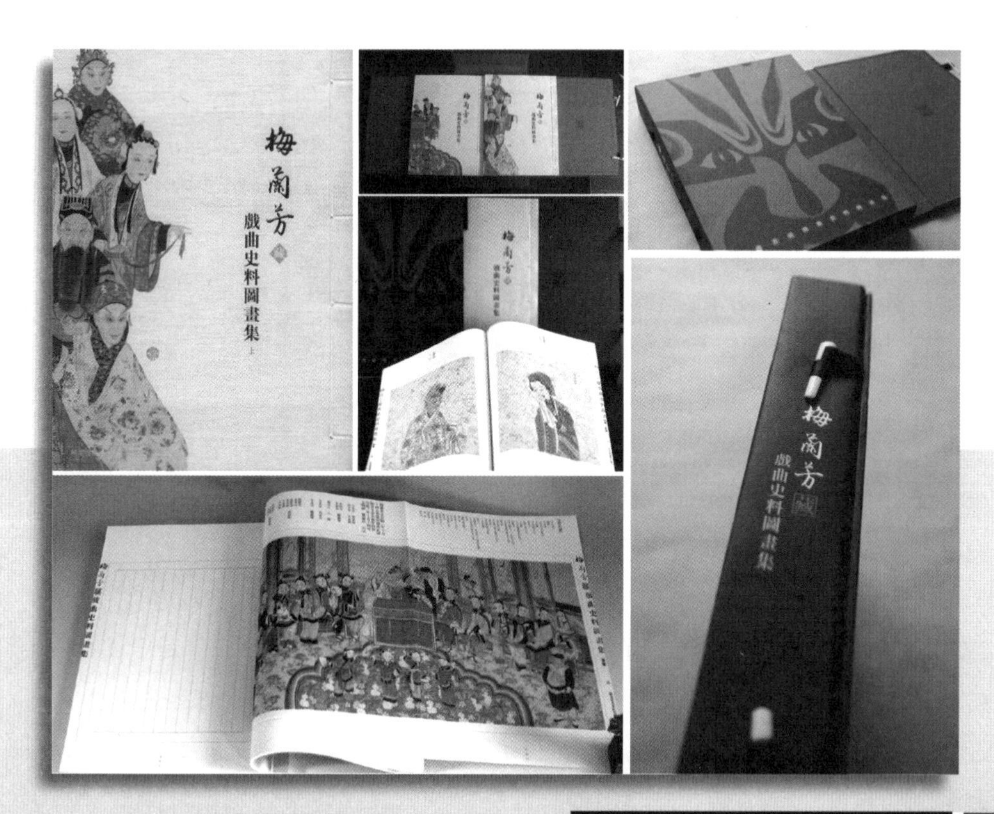

图7–7 2004年“世界最美的书”金奖
《梅兰芳（藏）戏曲史料图画集》书籍设计
封面设计：张志伟
版式设计：蠹鱼阁（申少君） 高绍红

图7–8 2005年『世界最美的书』荣誉奖《土地》书籍设计 王序作品

种国际设计竞赛中获得100多项奖项的我国著名设计艺术家王序先生操刀，在整体风格上讲究简洁、质朴。全书运用纯洁大方的白色作为基调，封面大面积的留白，恰到好处地彰显了“本来无一物，何处惹尘埃”的高妙意境。一行红色的字体“Asian Field”恰到好处地映入眼帘，让人很自然地记起大地的温暖。这本书从形式上有着一种全球化的理念在里面。实际上，设计上最大的特点就是无设计，跟着主题走。《土地》一书也曾获得“第六届全国书籍装帧艺术奖”整体设计奖金奖。

3. 《朱叶青杂说系列》（图 7－9）

《朱叶青杂说系列》书籍设计的外包装比较简洁，书脊的筋脉暴露。整套书的排版也不符合一般人的阅读习惯，横排和竖排混排，尤其是页码顺序完全不按常理出牌，呈现一种较为个性的整体书籍设计效果。该书也入选2005年“世界最美的书”荣誉奖，由中国友谊出版公司出版，书籍设计者是何君。

4. 《曹雪芹风筝艺术》（图 7－10）

2006年“世界最美的书”金奖作品是由北京工艺美术出版社出版，赵健工作室设计的《曹雪芹风筝艺术》一书。该书的书籍设计理念新颖、独特，装帧形式的古朴、典雅，凝聚在厚重的中国传统文化中的古典艺术美中的整体书籍艺术设计十分引人注目和值得称道。

赵健曾说：任何书籍都一样，一本书的形态设计是它的外在形式，这个外在形式必须与内容相一致。《曹雪芹风筝艺术》这本书的内容是讲我国的传统民间艺术——风筝。首先就要赋予这本书以生命力，让阅读这本书的读者有“放风筝”的感觉。因此，在具体设计上，我选择了以线装书来体现历史感，字体选用了人们最熟悉的中文楷体。“放风筝”的感觉主要是通过封面和书中那些代表风筝线的虚线来传达。这些虚线除了传达自由、放飞的感觉，作为版面语言还起到了穿针引线的作用。此外，书中风筝图片清晰、精美。总之，我追求的是全书立体、灵动，体现文化内涵。

5. 《不裁》（图 7－11）

《不裁》是2007年“世界最美的书”铜奖作品，江苏文艺出版社出版，朱赢椿进行书籍装帧设计。设计师巧妙地将文字内容和风格体现在装帧上：它需要边裁边看。也就是说读者必须参与裁书才能帮助全书成形。在书的前环衬设计了一张书签，可随手撕开作裁纸刀用。让读者在阅读过程中有延迟、有期待、有节奏、有小憩，最后得到一本朴而雅的毛边书。

6. 《之后》（图 7－12）

2008年“世界最美的书”荣誉奖作品《之后》是天津杨柳青画社出版，耿耿、王成福设计的书籍作品。该书采用精装设计，勒口三面镏红色金属漆，一只红色的类似章鱼的“怪物”形状插画在白色的封面衬底上特别显眼。“怪物”也被钢印在7页白纸上，摸起来有凹凸的质感。该书被认为是一本具有丰富表情的书，文字、图像、纸张、工艺语言集于一身，较好地把握了纸面载体承载信息的各种手段，使书呈现多元的阅读感受。

7. 《蚁呓》（图 7－13）

《蚁呓》是一本图文并茂且充满探索精神的实验性图书。2007年“中国最美的书”评委会对《蚁呓》获奖的评语是：这本双语书（中英文）以高雅的美取胜，它体现在高超的设计水准和极少的设计介入。以蚂蚁的角度切入，把蚂蚁的渺小和它与人类的相似性形象地表现出来。在这本书中，中国的传统元素和当下现代主题得到有趣的结合。空白页和极少的文字体现了佛教对创作者的影响，促使人们去反思，对生命应报以怎样的态度。《蚁呓》由江苏文艺出版社出版，朱赢椿设计，获得2008年“世界最美的书特别制作奖”。

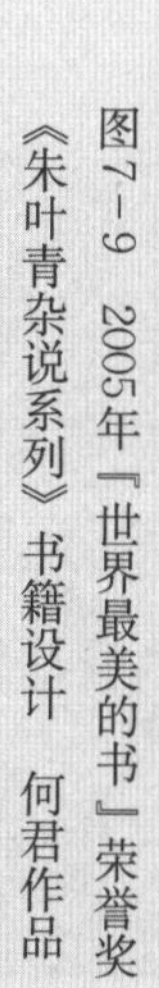

图7-9 2005年『世界最美的书』荣誉奖
《朱叶青杂说系列》书籍设计 何君作品

图7-10 2006年『世界最美的书』金奖
《曹雪芹风筝艺术》书籍设计 赵健工作室作品

图7-11　2007年“世界最美的书”铜奖
《不裁》书籍设计　朱赢椿作品

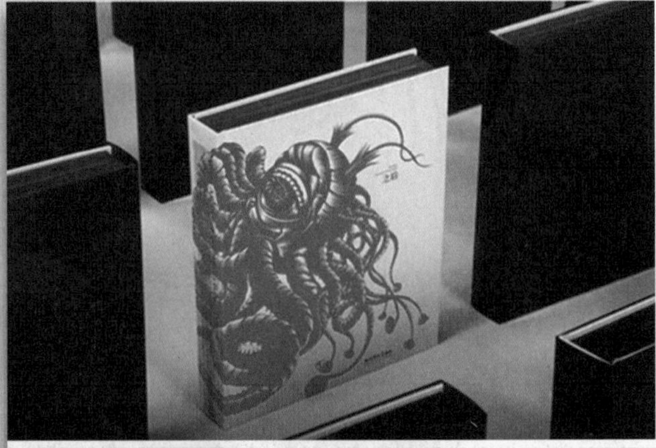

图7-12　2008年“世界最美的书”荣誉奖
《之后》书籍设计　耿耿　成福作品

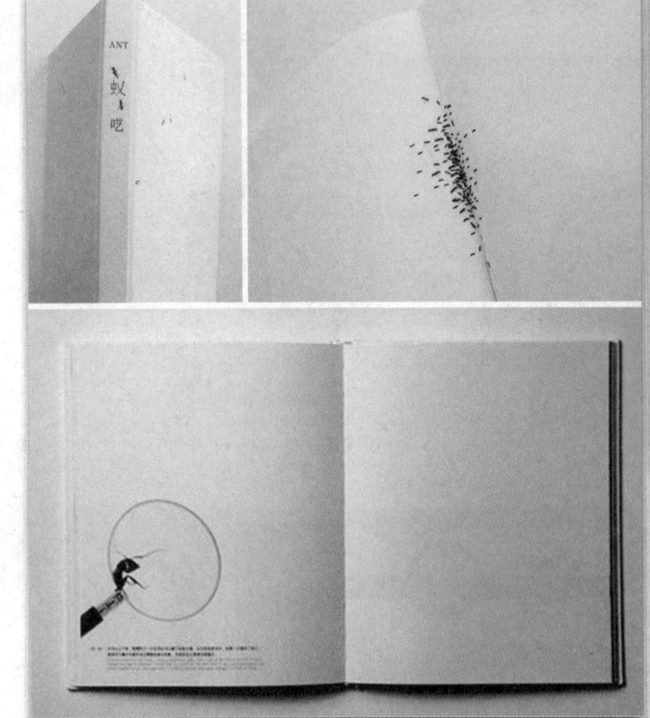

图7-13　2008年“世界最美的书”特别制作奖
《蚁呓》书籍设计　朱赢椿作品

针对《蚁呓》的简约设计风格，朱赢椿曾说，在数字出版和电子书越来越盛行的背景下，有些观念要修正。不能以文字的多少简单判断是不是书，文字多就是书，文字少就是本子，这是一种偏见。书的内容是极简主义，我为了让蚂蚁的形象更加突出，把背景全部舍弃了，读者会觉得背景太空了。可“计白当黑”“以少胜多”本来就是传统文化中应有之义。读者看一本书总觉得字多才实惠，其实简约的图形和文字都是经过很长时间的思考提炼制作。空白其实是给读者留下反思或者填写自己感受的空间。

8.《中国记忆——五千年文明瑰宝》(图 7－14)

2009年“世界最美的书”荣誉奖作品《中国记忆——五千年文明瑰宝》是由文物出版社出版发行，吕敬人进行的书籍设计。这本大型画册以其内容精彩、设计精美、印制精湛，还曾获得2008年中国“香港印制大奖”。该书是一本精装的书籍，首先是一个外壳，木质的外壳起到了很好的保护作用，外壳的造型也很符合这本书，首先造型上是一个中国结的造型，很有古典气息，文字再配以中国特有的的中国红，更呼应了主题，上面有玉制配饰，祥云，蝙蝠造型，书以白色为主要颜色，红色的字体也使用了书法体，更显中国底蕴，底色中还隐约看到中国的特色，兵马俑、陶瓷盘等，此书的设计很有中国特色，不失为一本好的书籍装帧设计。值得一提的是，《中国记忆》虽然是一本特展图录，但整体装帧的概念元素取材自中国传统文化中虚实空间对立的概念，由外至内，从书匣的外封到图录的书衣在视觉质感上层层体现出阳刚与阴柔的变幻。

9.《诗经》(图 7－15)

2010年“世界最美的书”荣誉奖作品《诗经》由高等教育出版社出版，刘晓翔设计。《诗经》的装帧设计神似中国传统的线装书，简约朴素，用色简洁。文字和图片的视觉效果疏朗清爽，风、雅、颂三部分运用不同的纸裁特色，维持了诗歌的大量想象空间。在装订方式上，虽然采用的是西式装订法，但在设计上特别加入中国传统线装书的神采。

10.《漫游：建筑体验与文学想象》(图 7－16)

2011年“世界最美的书”荣誉奖作品《漫游：建筑体验与文学想象》是中国青年出版社出版，小马、橙子所设计。“世界最美的书”评委对它的评语是：封面设计采用中国古代线装形式，简洁明快，同时富有时尚感；柔软性的纸质，色彩自然，富有层次；版式新颖，建筑照片与草图交相辉映，意趣横生，创意彰显。

11.《剪纸的故事》(图 7－17)

由人民美术出版社出版，吕旻和杨婧设计《剪纸的故事》是2012年“世界最美的书”银奖作品。设计者自然而巧妙地将现代设计手法与传统剪纸艺术融合在一起，其特色鲜明的艺术语言和表现主题，让这些灵动的剪纸创作产生出令人愉悦的视觉效果，表达出中国艺术和西方现代艺术精神的融会贯通。该书选用的纸质十分考究，具有很高的艺术性。特别是其在素白的封面上凹现出剪纸的动物图形，传承了中国斑斓多彩的剪纸文化，被评价为“多彩而有趣”。

12.《文爱艺诗集》(图 7－18)

《文爱艺诗集》是2012年“世界最美的书”银奖作品，由作家出版社出版，刘晓翔和高文进行书籍设计。该书籍设计作品整体设计简洁而有个性，字体、颜色之间对比强烈，富有视觉冲击力。护封下部文字从封面延续至封底，体现了流动的美。

图7－14　2009年“世界最美的书”荣誉奖
《中国记忆——五千年文明瑰宝》书籍设计　吕敬人作品

图7－15　2010年“世界最美的书”荣誉奖
《诗经》书籍设计　刘晓翔作品

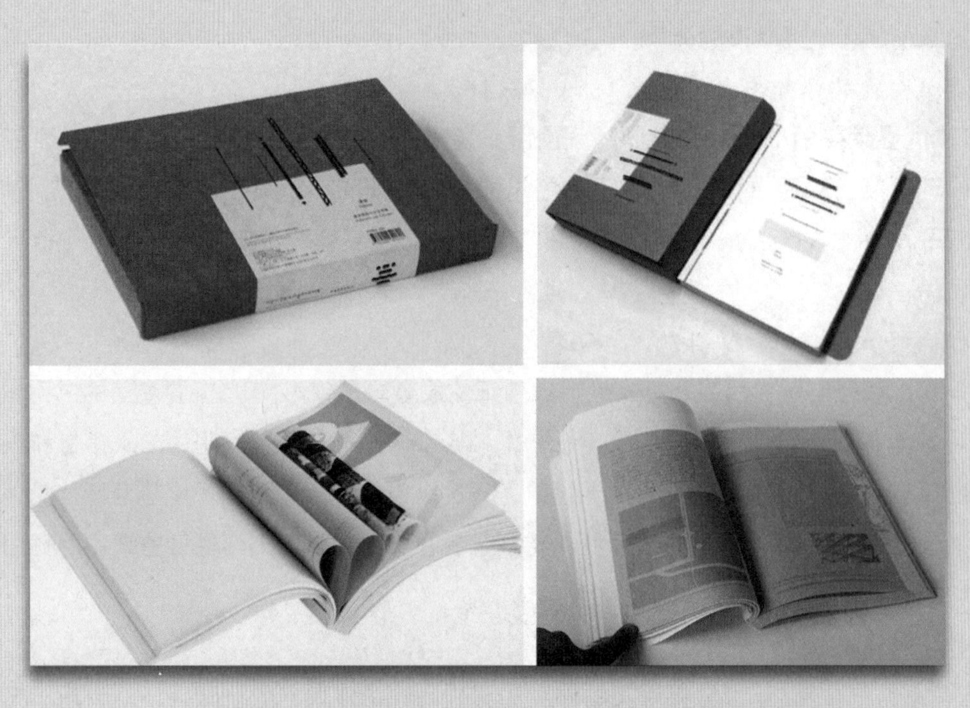

图7－16　2011年“世界最美的书”荣誉奖《漫游：建筑体验与文学想象》
书籍设计　小马　橙子作品

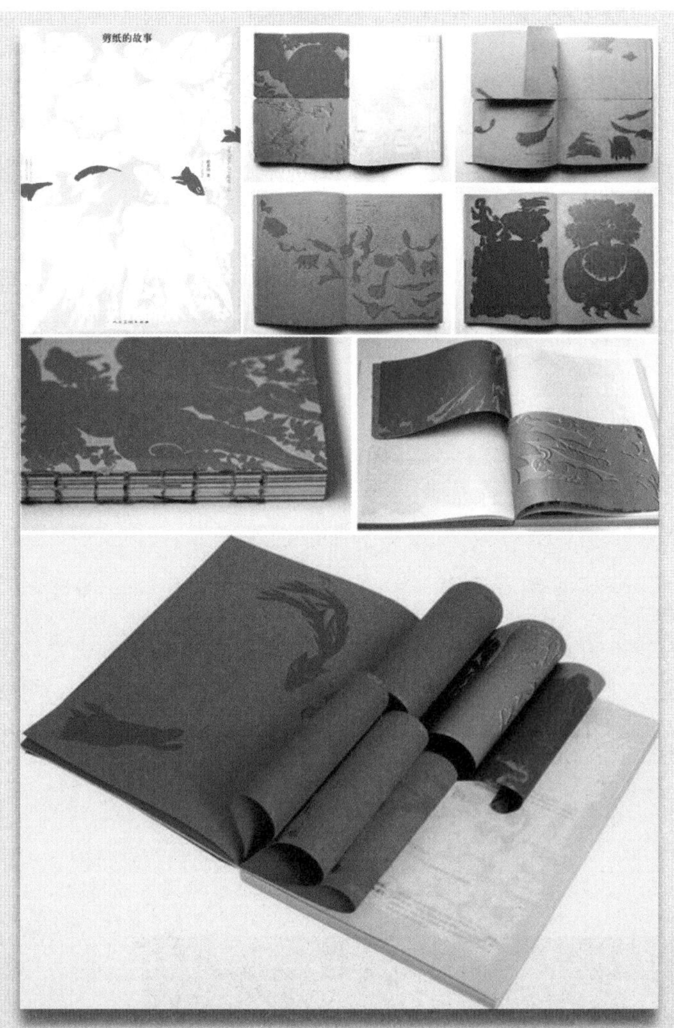

图7－17 2012年『世界最美的书』银奖
《剪纸的故事》书籍设计 吕旻 杨婧作品

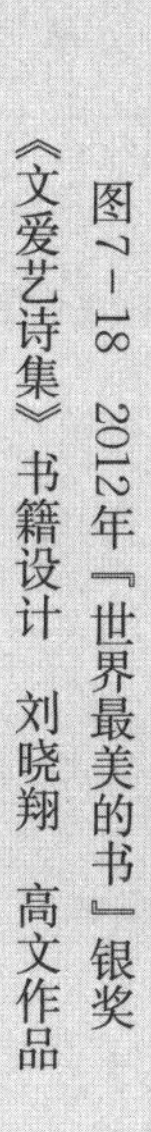

图7－18 2012年『世界最美的书』银奖
《文爱艺诗集》书籍设计 刘晓翔 高文作品

13.《刘小东在和田·新疆新观察》(图 7－19)

2014年“世界最美的书”荣誉奖作品《刘小东在和田·新疆新观察》是中信出版社出版的书籍，设计者是小马、橙子。在2013年“中国最美的书”评选中，评委会给这本书的评语是：本书精心选择不同的纸张和印刷手段，准确表现内容结构的丰富性。编辑设计概念明晰，使繁复的体例结构严谨、层次清晰，布局合理，尤其对每一个细节的处理都不轻易放弃，阅读不觉得累赘。全书有一种结构之美和阅读的舒适度。章隔页用油画布丝网印独具匠心，封面用材及周边打毛，有着强烈的触感，体现出随意放在包中的笔记本不断使用的时间概念。全书表面的随意性并未掩盖内部书籍设计的精致用心。

14.《2010—2012 中国最美的书》(图 7－20)

另一个2014年度“世界最美的书”荣誉奖作品《2010—2012中国最美的书》由上海人民美术出版社出版，刘晓翔工作室进行书籍设计。对于这本书，2013年“中国最美的书”评委会的评语如下：封面以装帧布材与纸材直接裱被，具备实用感的韧性，耐翻并兼具视觉与触觉翻阅的材质变化。全书整体设计简约大器，具新颖的现代感；装帧方式全书为曲页折，具庄重的仪式感，翻阅时与读者产生互动。全书图版全部由设计师统一规划拍摄，体现了严谨的视觉呈现，图片处理调性雅静、视觉丰满柔和。图版与内容版面统一，折页装订契合准确；纸张运用讲究，双面涂布；细节考虑到位，虽用西方网格设计的语言形式，却创造出中国式的空灵。

图7－19 2014年『世界最美的书』荣誉奖《刘小东在和田·新疆新观察》书籍设计 小马 橙子作品

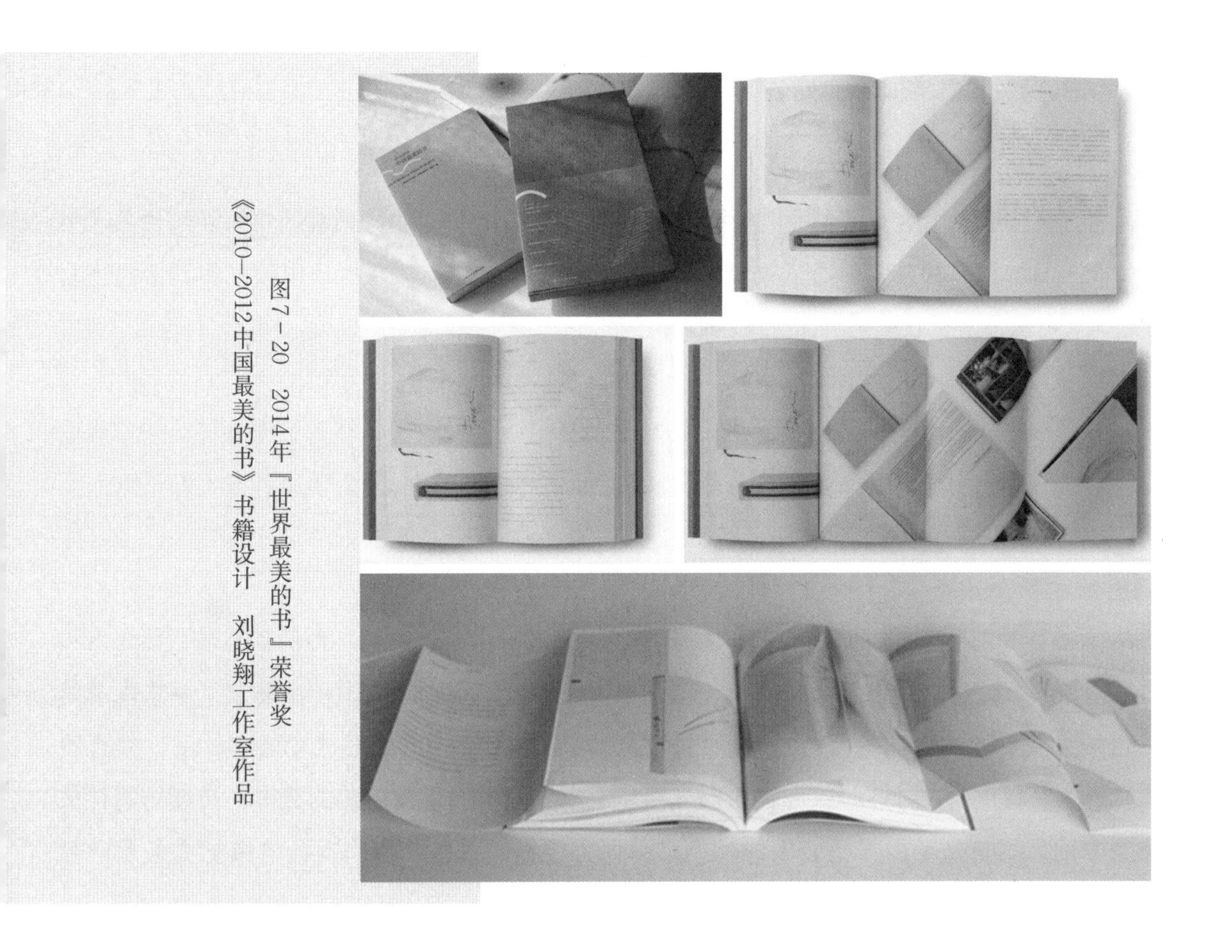

图7－20 2014年『世界最美的书』荣誉奖
《2010—2012中国最美的书》书籍设计 刘晓翔工作室作品

第二节 “中国最美的书”作品赏析

一、关于“中国最美的书”评选活动

“中国最美的书”评选活动创立于2003年，是上海市新闻出版局主办的书籍设计年度评选活动，邀请海内外顶尖的书籍设计师担任评委，评选出中国大陆出版的优秀图书，授予年度“中国最美的书”称号并送往德国莱比锡参加“世界最美的书”的评选。经过多年的发展和完善，“中国最美的书”已经成为中国文化界的知名品牌。“中国最美的书”评审一直注重书籍设计的整体性，书籍内容与形式的完美结合，书籍设计对于书籍本身功能的提升，设计风格与适宜手感的和谐统一，以及作为设计重要元素的技术手段的运用。

经过十多年的努力倡导与积累，“中国最美的书”的理念已日益为中国的出版界和设计界所接受，其产生的效应和影响也逐渐显现，对推动中国书籍设计艺术及我国设计家走向国际，传播中华文化，对于促进中外设计艺术交流，提升中国现代书籍设计的水平，对于鼓励我国年轻一代的设计家创新发展，走向世界，产生了积极的作用和效果。这也从一个侧面反映了当今中国书籍设计的成就和水平，也体现了中国的书籍设计者通过不断与外界的联系和交流，在立足于本民族文化的特质和精髓的基础上，融合世界设计潮流，不断进行创新和探索的精神，“中国最美的书”已经成为中国优秀图书设计和优秀设计师走向世界的重要平台。

二、部分“中国最美的书”获奖作品赏析

1.《红楼玉语》(图7－21)

陈楠所设计的《红楼玉语》由上海人民出版社出版发行，是2016年“中国最美的书”获奖作品。书籍的封面设计如同玉石般纯净和晶莹剔透，很好地运用了纸张的烫透特点。版式也淡淡的影调透出玉石的温润，留白处为读者留下对玉石雕刻艺术无限的想象空间。

2.《花朵里开花》(图7－22)

2016年“中国最美的书”获奖作品《花朵里开花》是台海出版社出版，杨林青工作室进行的书籍设计。该书的设计配图形式特别，契合文字内容。色彩从白色逐渐向粉色氤氲，引领读者在不知不觉间步入花开的世界，在内心留下美好的感觉。

3.《中国精致建筑100》(图7－23)

2016年“中国最美的书”《中国精致建筑100》是中国建筑工业出版社出版，瀚清堂赵清、周伟伟和康羽所设计的书籍作品。这套书用中英两种语言分册一一对应地介绍100种中国精品建筑。中文本书体柔软，散发着传统线装书的韵味，封面巧妙地通过折叠、模切和镂空的方式形成多层次关系，书脊烫金，击凸工艺显示丛书名称，内封透印，扉页以珠光箔印制书名，书眉采用传统的竖排，与横排的正文相映成趣；英文本则是西方古老圆脊精装书的风格，封面上烫银的线条与中文封面的模切线条是一致的，相互产生呼应效果。

4.《金陵小巷人物志》(图7－24)

《金陵小巷人物志》是2016年“中国最美的书”的获奖作品，由江苏凤凰文艺出版社出版，周伟伟进行的书籍设计。在书籍设计上，这本书提取了不少源自日常生活景象的元素，以传统书籍的标准判断，书几乎没有封面，而是直接以装订的第一帖第一页作为封面，从封面到内页，都选用了粗糙耐用、富有生活气息的牛皮纸，三个切口也被打毛呈粗砺不平，整本书像是块毛坯砖，朴实无华。封面上的书名等文字像是用镂空铁皮喷上去的标语字，内文第一帖及最后一帖也将一些关键词用白色的“喷涂标语字”呈现，与封面相映成趣；小人物肖像插画的背面也用心地印上了黑色，一帧帧贴在内页上，内页用“喷涂标语字”残余的颗粒作底纹，营造出该书的“生态”。左右页的页码均不出版心，置于文字最后一行的右侧，细节十分用心独特，呈现一种“微不足道”的美。粗犷元素通过细腻的手法得以美的传达，“小人物”的精彩在设计中得到了很好的表现。

5.《历代名人咏树》(图7－25)

2016年“中国最美的书”《历代名人咏树》由江苏凤凰科学技术出版社出版，书籍设计是KJ. DESIGN STUDIO。书籍的外观与质感都与主题吻合，满足读者的视觉和触觉享受。整体设计非常得体，有欲罢不能的亲近感，特别书内设计的嫩芽图案富有诗意。

6.《又自在又美丽》(图7－26)

2016年“中国最美的书”《又自在又美丽》是北京联合出版公司出版发行，熊琼工作室的熊琼和刘清所设计的书籍作品。该书籍整体设计清雅单纯自然，纸的色彩以紫罗兰色为主色调，视觉舒服，贯穿全篇，透出了似有似无、淡淡的花香，贴合主题。

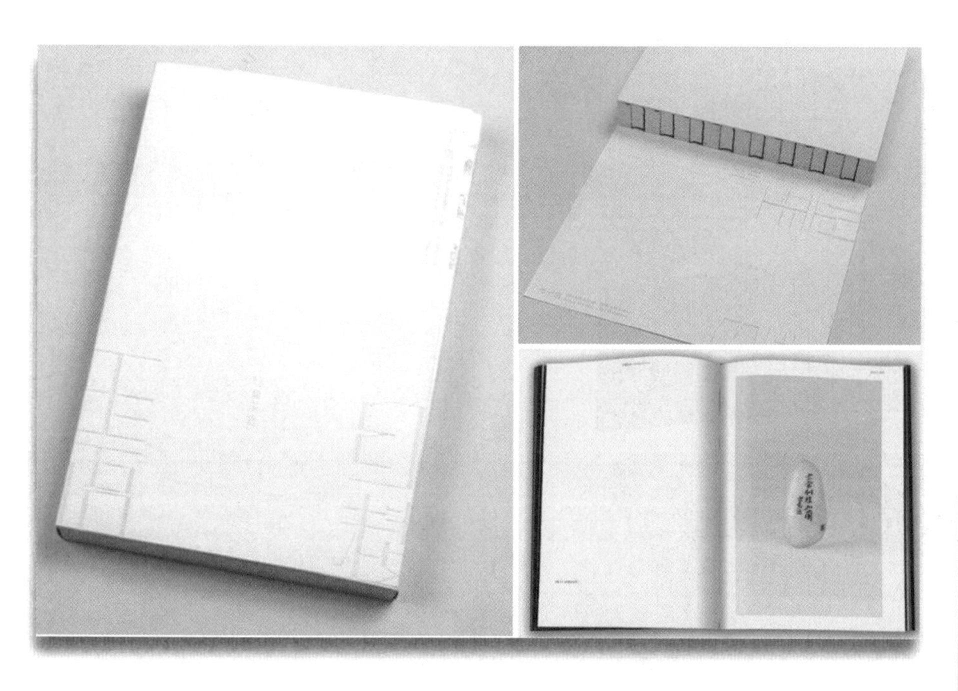

图7－21 2016年“中国最美的书”《红楼玉语》书籍设计 陈楠作品

图7－22 2016年『中国最美的书』《花朵里开花》书籍设计 杨林青工作室作品

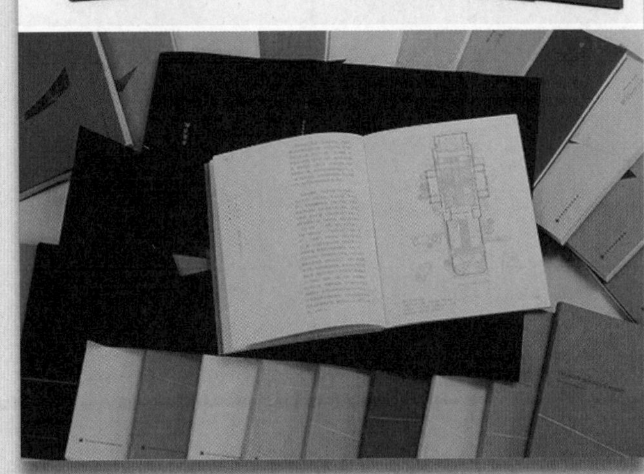

图7－23　2016年『中国最美的书』《中国精致建筑100》
书籍设计　瀚清堂　赵清　周伟伟　康羽作品

图7－24　2016年『中国最美的书』
《金陵小巷人物志》书籍设计　周伟伟作品

图7－25 2016年『中国最美的书』《历代名人咏树》书籍设计 KJ.Design Studio作品

图7－26 2016年『中国最美的书』《又自在又美丽》书籍设计 熊琼 刘清作品

7.《藏区民间所藏藏文珍稀文献丛刊：精华版：藏、汉、英》（图7－27）

敬人设计工作室和吕旻共同设计的2016年“中国最美的书”《藏区民间所藏藏文珍稀文献丛刊（精华版）藏、汉、英》是由四川民族出版社出版。书籍设计的过程中将藏传佛教的视觉元素融入设计中，制作工艺精良严密，充分考虑视觉完整度。设计和工艺增强了本书的艺术和观赏价值。

8.《水墨戏剧》（图7－28）

《水墨戏剧》是由漓江出版社出版发行，洛齐设计的2016年“中国最美的书”获奖作品。这本书以水墨作品介绍中国戏曲艺术，设计也借用了各种戏曲化元素来烘托主题。书的四个部分用不同颜色的纸张分别包裹以作序分，像是戏曲中的幕布。函套上的镂空如追光一样引导戏中人物出现，拉开之后方能看到“舞台”全景，而一帖帖内页装订成的裸脊有戏本的意象。内文的要点被设计使用驼色块来映衬、得以强调突出，这些色块又与插画的背景色相映成趣。同时插画又采用了“虚实”两种不同形式，有的直接印在内页上，有的则是粘贴上去的，隐喻中国传统戏曲独特的舞台设置和动作常常使用到的“虚实”之美的处理方式；订口处有的地方露出半个脸谱，像是台口候场的演员，处处以“书戏”的表现形式与中国戏曲艺术遥相呼应。

9.《上海字记——百年汉字设计档案》（图7－29）

2015年“中国最美的书”《上海字记——百年汉字设计档案》是上海人民美术出版社出版，姜庆共所设计的作品。书的作者和设计师为同一人，整体设计充分反映出作者研究和论证的艰辛，封面的淡红透露出作者的心血。内容丰富却不沉重，书型开本恰到好处，易于阅读。排版文图适宜，文字和留白相间。印刷与装订工艺精良，纸张使用到位。设计既体现出20世纪百年时代的痕迹，又具有当代设计的意识感。

10.《痛》（图7－30）

《痛》是小马和橙子设计，重庆大学出版社出版发行的2015年“中国最美的书”获奖作品。2015年“中国最美的书”评委会评语写道：内页色调应用与层次结构清晰。运用理性、冷峻的设计语言，将无法言状痛苦感受进行了视觉化的表达，该书的设计很好地反映出了这一点，纸张的灰色、封面的“＋”“－”都是一种既有情感又具理性的设计方式。痛苦前后的感受通过几页黑页过渡，表现出不同时段的情感世界。设计者编辑设计语言与众不同，为阅读留下丰富的想象空间。

11.《生态智慧丛书》（图7－31）

张志奇所设计的《生态智慧丛书》是高等教育出版社出版的2015年“中国最美的书”。作为一套科技类书籍，该书的设计注重现代感和阅读性，留白大胆，富有节奏。开本采用黄金比例，每本书根据主题在封面上设计了不同的简洁图案，体现了平面设计的优势。环衬处理独特，与主题和封面相衔接。图表设计到位，通过视觉信息的传递促进了内容的理解和知识的吸纳。

12.《匠人》（图7－32）

2015年“中国最美的书”《匠人》由民族与建设出版社／浦睿文化出版发行，书籍设计者是朱赢椿、罗薇。本书的作者和设计师合作共同去当地采风，而作者给设计师留下了很大的空间，这种合作设计关系非常新颖。《匠人》的整体设计以黑色为主色调，辑页文字书写独特。

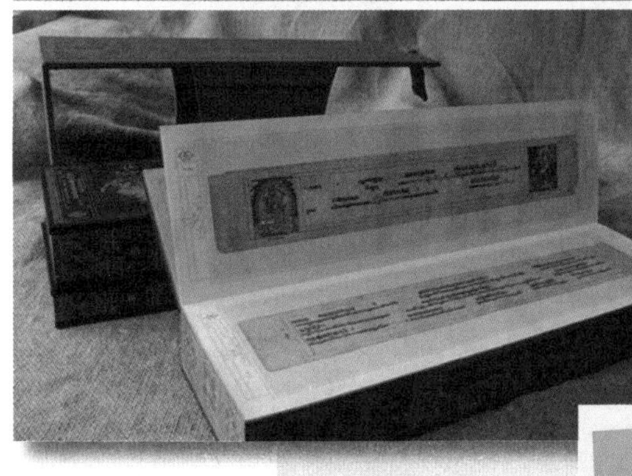

图7－27 2016年『中国最美的书』《藏区民间所藏藏文珍稀文献丛刊：精华版：藏、汉、英》书籍设计 敬人设计工作室 吕旻作品

图7－28 2016年『中国最美的书』《水墨戏剧》书籍设计 洛齐作品

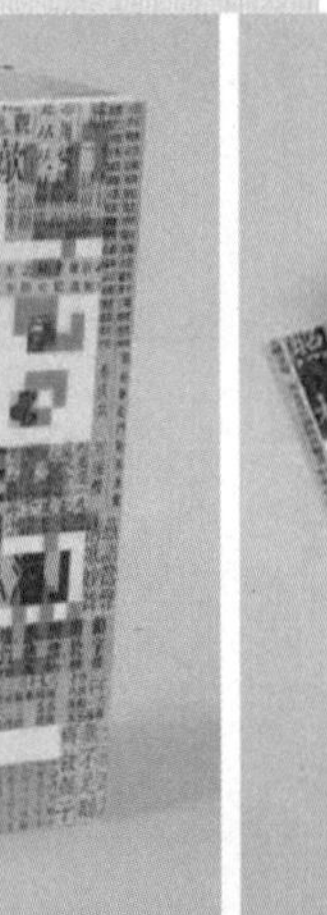

图7-29　2015年『中国最美的书』
《上海字记——百年汉字设计档案》书籍设计　姜庆共作品

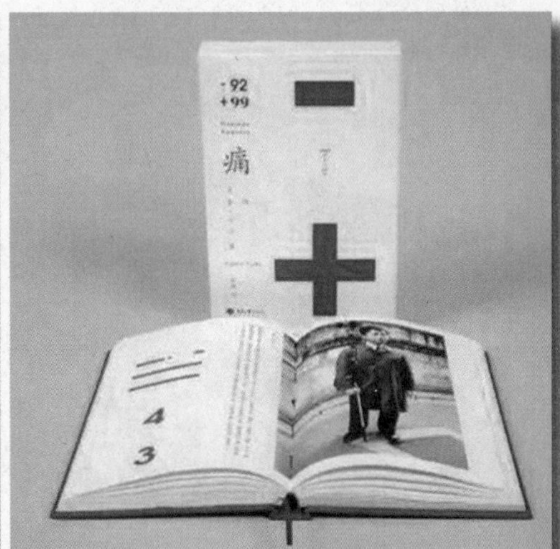

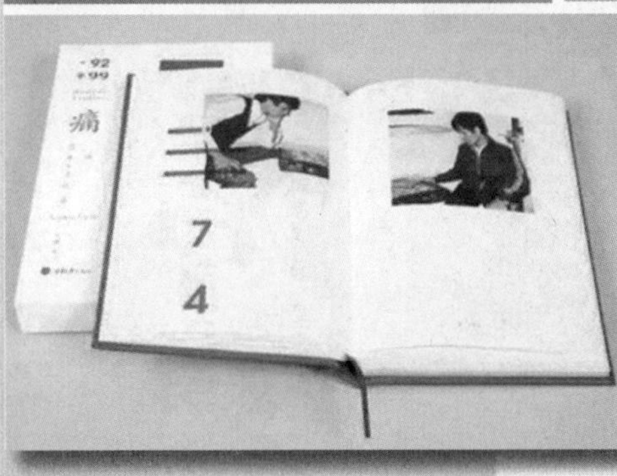

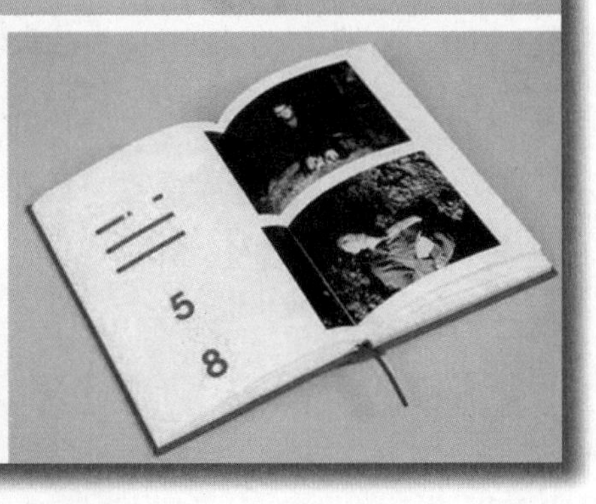

图7-30　2015年『中国最美的书』
《痛》书籍设计　小马　橙子作品

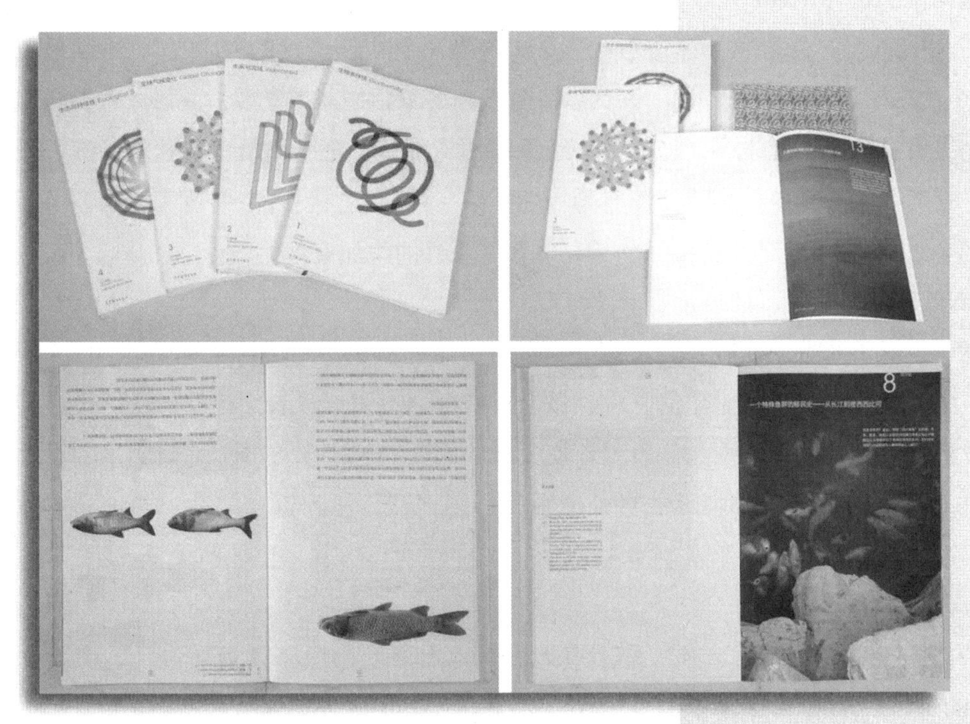

图7－31 2015年“中国最美的书”
《生态智慧丛书》书籍设计 张志奇作品

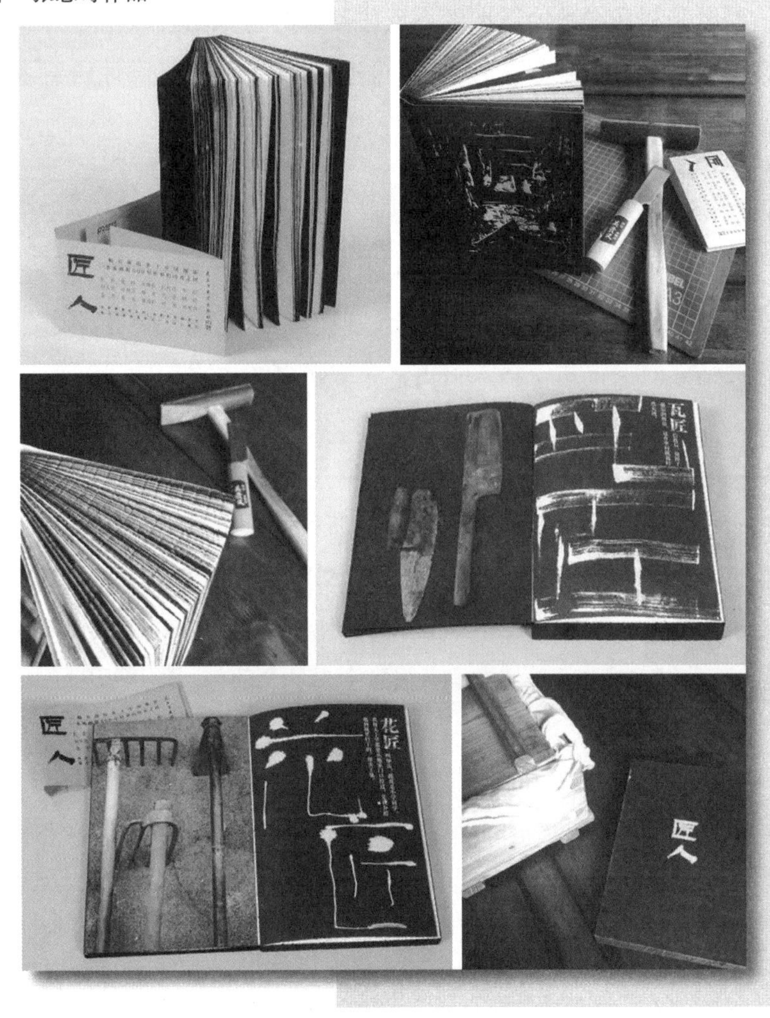

图7－32 2015年『中国最美的书』
《匠人》书籍设计 朱赢椿 罗薇作品

13.《兔儿爷丢了耳朵》（图 7－33）

《兔儿爷丢了耳朵》是中国少年儿童新闻出版总社出版，刘晓翔进行书籍设计的2015年“中国最美的书”。2015年“中国最美的书”评委会评语中说：设计者将剪纸以最原始的形态呈现，并加以重叠和组合后进行拍摄。剪纸投影的保留凸显了立体感，加强了剪纸原作的感染力。全书编辑语言独特，纸张性格鲜明，页码设计新颖，故事叙述具有中国民间传统气韵。装帧采用裸背装，使各个书页画面都能得到充分展示。可以看出设计师在书籍文本传达中的驾驭作用，体现了设计的附加值。

14.《古韵钟声》（图 7－34）

2015年“中国最美的书”获奖作品《古韵钟声》由北京燕山出版社出版，刘晓翔及刘晓翔工作室所设计。书籍设计理性、严密、周到。引用矢量化信息设计概念贯穿全书，引导读者阅读及欣赏。设计师懂得如何把信息进行梳理整合，并具节奏地视觉化表现，使读者的阅读兴趣不断提升。同时该书的设计对当下同类书籍的设计具有指导作用。该书特设的钟鼎文页凹凸感强烈，拓片运用得体，阅读质感强烈，将中国古典艺术有序地完美呈现。

15.《齐白石四绝十方》（图 7－35）

2015年“中国最美的书”《齐白石四绝十方》是上海人民美术出版社出版，袁银昌设计的书籍作品。2015年“中国最美的书”评委会给这本书的评语是：前扉多层阶梯式的设置，让信息层层递进使阅读富有趣味。照片拍摄极为用心，讲究物像虚实和透视关系，摄影用光及投影处理细致，图形切割截取巧妙。设计师利用纸张的透明度，反面印刷的篆刻拓片以多种方式，多个角度在书页的折叠中丰富地呈现出印章信息。十方印章的简洁内容通过讲究的编辑设计语言大大扩充了信息体量和内涵的传达。

16.《老人与海全译本》（图 7－36）

由张志奇工作室设计，崇文书局出版的《老人与海全译本》也是2015年“中国最美的书”。该书籍设计整体的色彩采用渐变的蓝色，封面采用了海滩贝沙闪烁的材质，上面用银色印刷鱼和人物的形象，贴近主题语境。文本结尾留有大量空页，仿佛留下空间让海水流走。设计者绘制有多种生动形态鱼类的富有怀旧情绪的笔记本，插入书页，采取了“书中书”的设计。插图精妙，为文本增添丰富的情趣。

17.《凝·动——上海著名体育建筑文化》（图 7－37）

《凝·动——上海著名体育建筑文化》是上海科学技术文献出版社出版，张国樑、董伟设计的2015年“中国最美的书”作品。在书籍设计上，这本书封面上的圆点与各场馆在上海的地理位置相对应，简明而新颖，查阅信息一目了然。辑页书口折叠部分特意设置信息界面，增加了信息数据与资讯层面，丰富了阅读体验。将场馆的外观浓缩成图案，贯穿全书各个部分，便于识别。书籍用纸柔软，物性手感俱佳。

18.《中国关中社火》（图 7－38）

2015年“中国最美的书”《中国关中社火》由中国摄影出版社出版发行，书籍设计是杨大洲。2015年“中国最美的书”评委会对本书的评语是：洋溢着民间传统戏曲的视觉特征与风貌，体现了中国的审美习惯，色彩还原很好。大小富于变化，构成巧妙，且与题眉相呼应，具有张力、协调性和节奏感。三册组合成一体，相互间有着良好的比例关系。分册辑页的插图表现形式独到，绘画手法富有特色。全书色彩与图形的处理保持浓厚乡土气息，纸张应用符合民间气质。

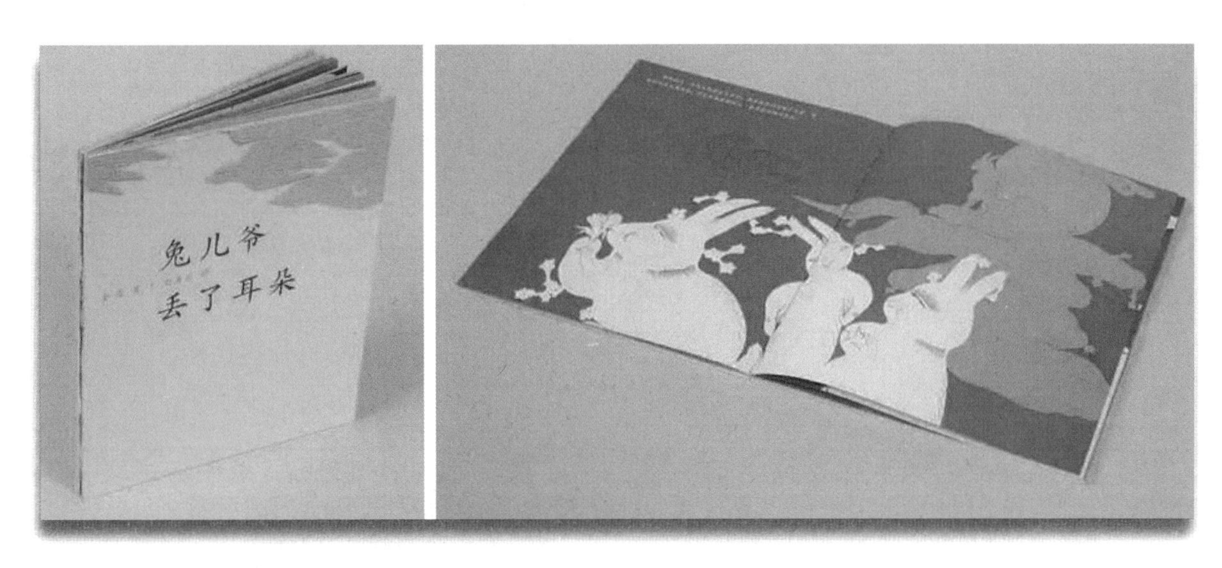

图7-33 2015年“中国最美的书”《兔儿爷丢了耳朵》书籍设计 刘晓翔作品

图7-34 2015年“中国最美的书”《古韵钟声》
书籍设计 刘晓翔 刘晓翔工作室作品

图7-35　2015年“中国最美的书”
《齐白石四绝十方》书籍设计　袁银昌作品

图7-36　2015年“中国最美的书”
《老人与海全译本》书籍设计　张志奇工作室作品

图7－37 2015年『中国最美的书』《凝·动——上海著名体育建筑文化》书籍设计 张国樑 董伟作品

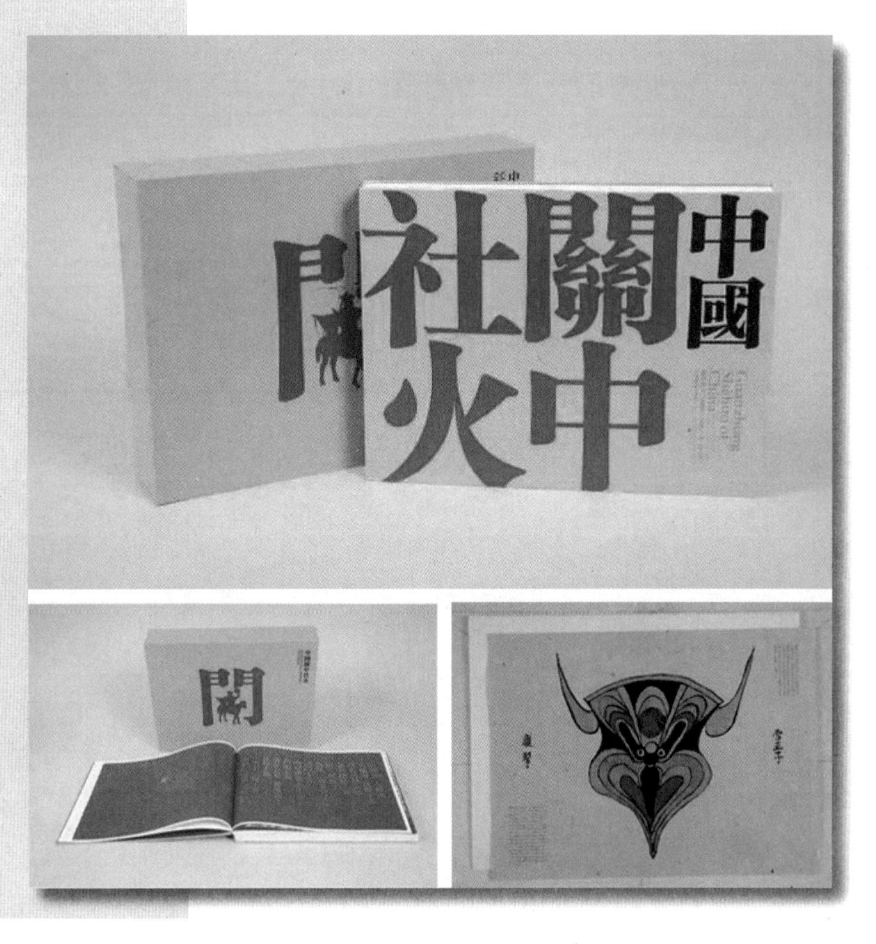

图7－38 2015年『中国最美的书』《中国关中社火》书籍设计 杨大洲作品

附：小贴士

推荐几个书籍设计大师

1. 杉浦康平

杉浦康平，平面设计大师、书籍设计家、教育家、亚洲图像研究学者第一人，并多次策划构成有关亚洲文化的展览会、音乐会和书籍设计，以其独特的方法论将意识领域世界形象化，对新一代创作者影响甚大。被誉为日本设计界的巨人，是国际设计界公认的信息设计的建筑师。

杉浦康平在每一阶段的创造性思维和理性思考均具有革命性的意义，引领着时代的设计语言，他“悠游于混沌与秩序之间”，在东西文化交互中寻觅东方文化的精华并面向世界发扬光大。他是日本战后设计的核心人物之一，是现代书籍实验的创始人，在日本被誉为设计界的巨人，艺术设计领域的先行者。他提出的编辑设计理念改变了出版媒体的传播方式，揭示了书籍设计的本质。他的名言“一本书不是停滞某一凝固时间的静止生命，而应该是构造和指引周围环境有生气的元素。”让书籍设计者和爱书人都一生回味。他独创的视觉信息图表提出崭新的传媒概念，更为今天的数码载体信息传播作了重要铺垫。他的“自我增值”“微尘与噪音”“流动、渗透、循环的视线流”“书之脸相”等设计理念和“宇宙万物照应剧场”“汉字的天圆地方说”等理论构成了杉浦设计学说和方法论，这也就是杉浦康平的设计世界。(图7－39、图7－40)

2. 原研哉

原研哉，日本中生代国际级平面设计大师、日本设计中心的代表、武藏野美术大学教授，无印良品(MUJI) 艺术总监。原研哉说：“我是一个设计师，可是设计师不代表是一个很会设计的人，而是一个保持设计概念来过生活的人、活下去的人。就似是一个园子里收拾整理的园丁一样，我每天都在设计园子里做设计的果实，所以不论是设计一件好的产品，或是整理设计的概念、思考设计的本质，抑或以写作去传播设计理论，都是一个设计师必须要做的工作。”

世界化的设计，在原研哉心目中，是不存在的、是不合逻辑的：“日本的设计就永远是日本的设计。就以MUJI为例，永远都不会由一个日本品牌变成世界品牌。总共6000多个项目的MUJI，都是由当地拥有共通语言的设计师，以当地人的生活模式及习惯为基础而完成的设计。作为一个有悠久设计历史的国家，我们并不热衷于成为全球化的一分子，过分单纯化的普及是我们必须努力避免的。”

浅褐色是MUJI的标准色。原来当制造纸张之时，若将漂白纸浆的程序减去，成品就是自然的浅褐色；将这一个环保的概念彻底实行，就成了MUJI独有的美学智慧。“MUJI一向的经营理念是，将产品的生产（素材以及过程）合理化。我们追求的是‘聪明的价格’，而不是最低的价格。所以说，我们不会只用最便宜的材料，也不会省掉必要的工序。当然，将货品销往外地，成本与价格也会相应增加。”做设计不能只看短期商业反应，而应着眼于长远的教育性理想；如果每一个设计师都有这样一种追求，市场的品位、对设计的感受性就会不断地提升。社会了解了设计的意义所在，设计师才会有更大的发挥。这是一个相互影响的良性循环，原研哉相信好设计会为社会环境带来良好的影响。(图7－41、图7－42)

图7－39 《银花》杂志 杉浦康平作品

图7－40 《全宇宙志》书籍设计 杉浦康平作品

图7－41　原研哉书籍设计作品

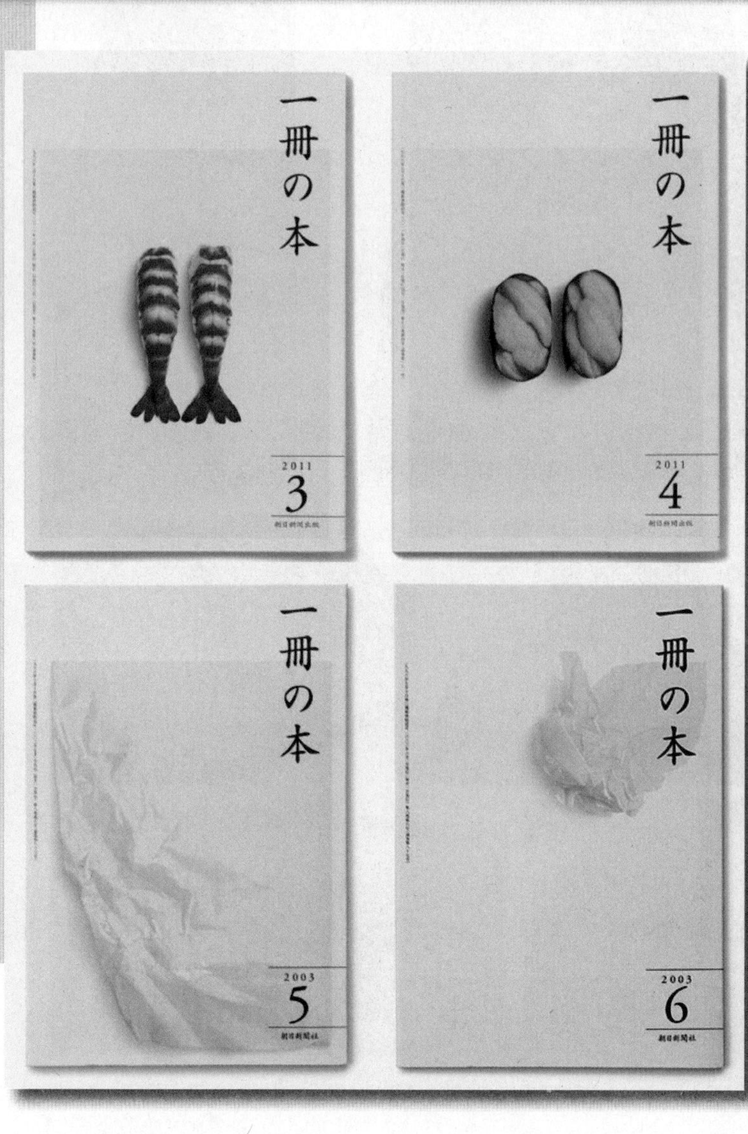

图7－42《一本书》杂志封面设计　原研哉作品

3. 吕敬人

吕敬人，我国书籍设计大师、插图设计大师、视觉艺术家，AGI国际平面设计协会会员。现任清华大学美术学院教授，中央美术学院客座教授。中国出版工作者协会书籍装帧艺术委员会副主任，全国书籍装帧艺术委员会副主任、中央各部门出版社装帧艺术委员会主任，中国美术家协会插图装帧艺术委员会委员。曾被评为亚洲著名的十大设计师之一，中国十大杰出设计师之一。不仅在国内国际的展览、比赛上获过不少金奖，而且还编、译、写过数本书籍装帧、书籍设计方面的著作。

吕敬人认为书籍设计并不止步于装帧，要比装帧负有更大的责任和工作体量。第一步要做编辑设计，书籍设计者要像导演或编剧一样，理解、分析、解构文本，与作者、编辑、制作人员共同探讨，寻找最佳的叙述方法和语言，把书的内在力量表达出来，以此增加阅读的附加值。第二步是编排设计，包括字体、字号、图像、空间、灰度节奏、层次阅读性，哪怕是一根线、一个点，都是信息传达的多维思考。装帧仅仅是最后一步，当然三个步骤相互联系，前后照应。我们拿到的书，有视觉、嗅觉（油墨、纸张的味道）、触觉（手感）、听觉（翻书声音）和品味书的内心感觉，即所谓的五感。在过去书籍匮乏的年代，“只要有白纸黑字就是好书”，现在人们关心书之美，读来有趣，受之有益的好书，好书聚合，成为一座流动的美术馆。他把书籍设计分为三种：第一种是复制，比如说古籍的复制，不能动文本，要完全原汁原味。第二种叫商品书，这类书注重流通性和方便性，为了压缩成本就要减少设计印制方面的开销，更多的是仅在封面上做一些商业性的设计。第三种则将设计作为核心来做，不计成本，给设计师最大的自由度，令其充分地使用设计语言来提升该书内容的同时，使它成为一件艺术品。（图7-43、图7-44）

4. 朱赢椿

朱赢椿，全国新闻出版行业第三批领军人才，第三届中国出版政府奖优秀编辑，中国版协装帧艺术委员会会员，中国大学版协装帧艺术委员会理事，江苏省首批新闻出版领军人才，江苏省版协装帧艺术委员会主任，南京师范大学书文化研究中心主任。他所设计和任美术编辑的图书近两千余本，其中获国内外装帧设计奖图书近100本，获奖作品不仅在国内同行中位居领先地位，还曾连续两次获业内国际最高奖，并于2010年获得中国出版政府奖，个人书籍设计作品曾在德国、韩国等国家和地区巡回展出。多年来持续策划各类书籍展览，如“德国最美的书”和“华东书籍设计双年展”等，中国国家设计期刊《艺术与设计》、日本设计杂志《IDEA》、《法兰克福汇报》、《大公报》、《华尔街日报》、《CHINA DAILY》等海内外报纸均刊登了个人和作品的详细报道，并数度接受中央电视台、凤凰卫视、东方卫视等电视台的个人专访。（图7-45、图7-46）

5. 刘晓翔

刘晓翔，知名书籍设计师。国际平面设计联盟成员，中国出版工作者协会装帧艺术工作委员会常委，高等教育出版社编审，多次获得“中国最美的书”奖，2010年、2012年、2014年三次获得“世界最美的书”奖，2012年创建晓翔设计工作室，任设计总监。

刘晓翔认为自己做书籍设计师既是偶然，也是宿命。作为多次设计出“最美的书”的设计师，刘晓翔对“最美的书”的内涵有自己的理解。他说，“世界最美的书”的评选是当今世界图书装帧设计界的最高荣誉，其评判标准代表了书籍设计的最高追求。具体而言，一是形式与内容的统一，文字图像之间的和谐；二是书籍的物化之美，对质感与印制水平的高标准；三是原创性，鼓励想象力与个性；四是注重历史的积累，体现文化传承。刘晓翔认为，阅读是书籍设计的核心价值。设计的目的是让读者舒适、惬意地阅读。（图7-47、图7-48）

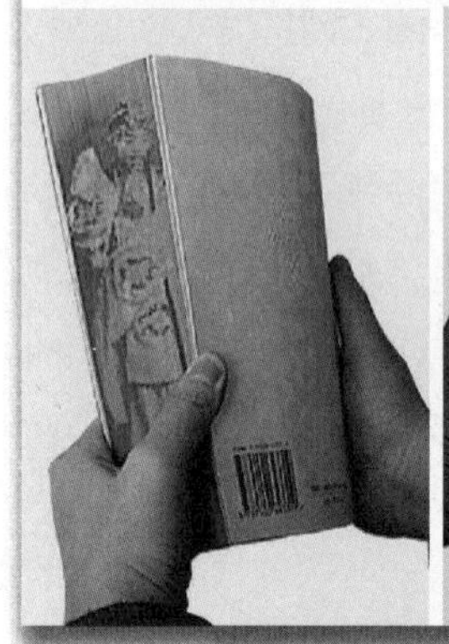

图7－43 《梅兰芳全传》书籍设计 吕敬人作品

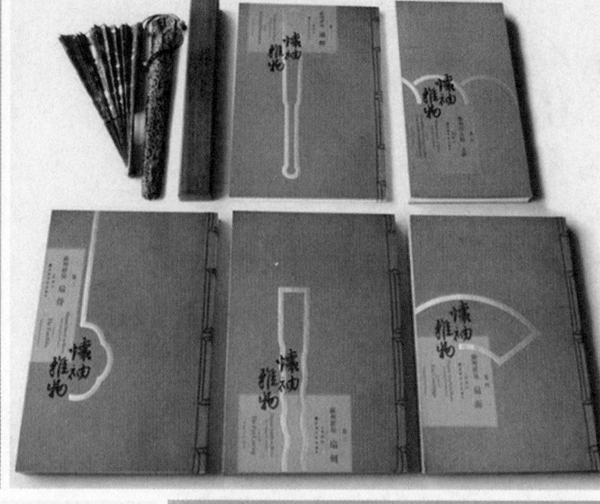

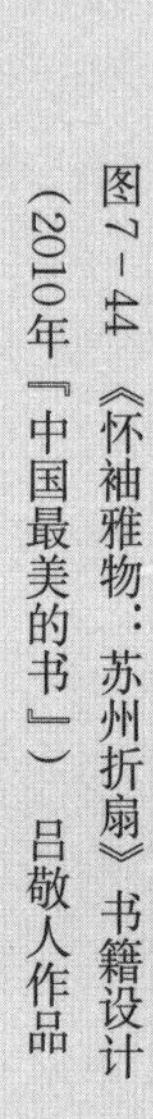
图7－44 《怀袖雅物：苏州折扇》书籍设计
（2010年『中国最美的书』） 吕敬人作品

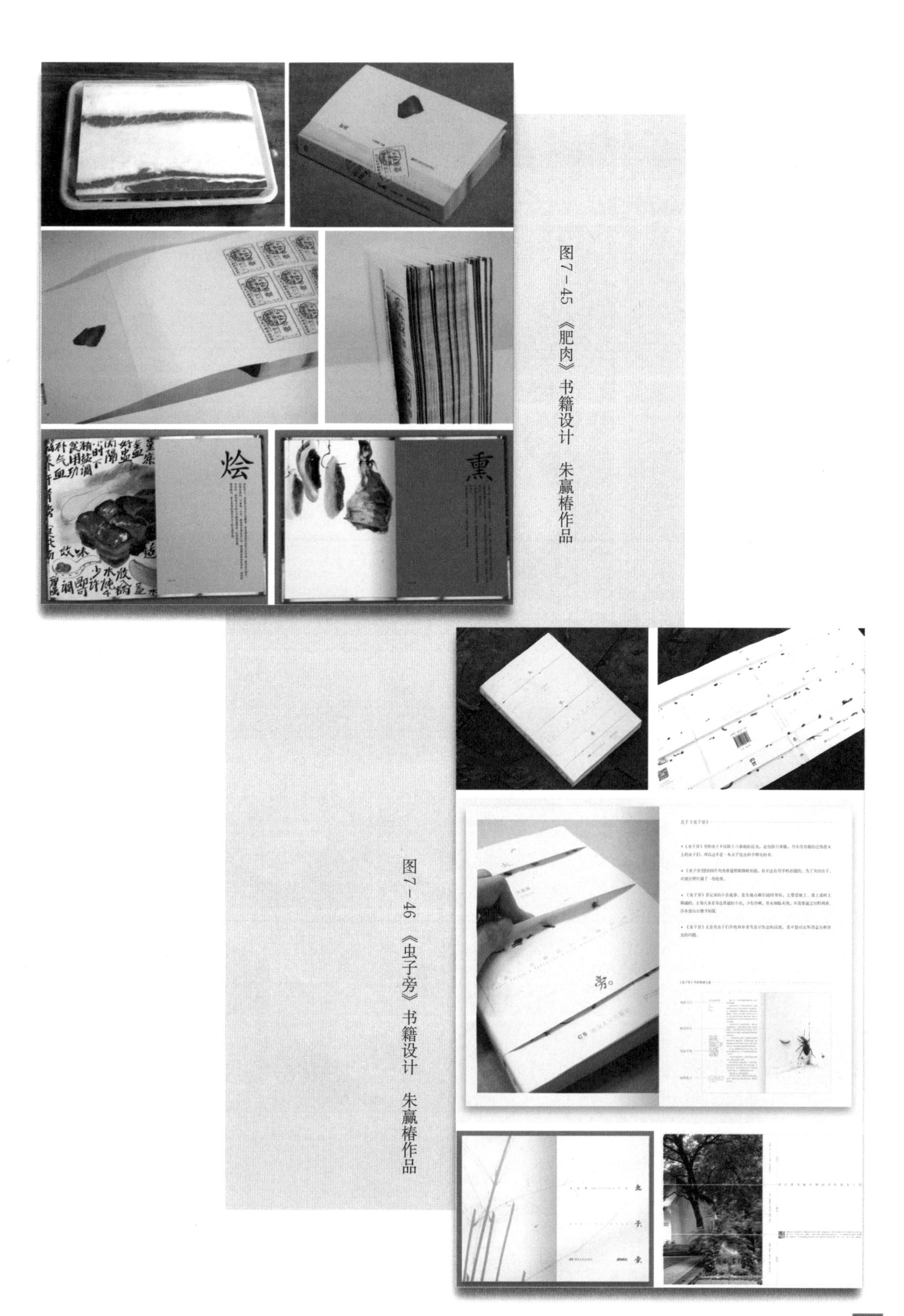

图7－45 《肥肉》书籍设计　朱赢椿作品

图7－46 《虫子旁》书籍设计　朱赢椿作品

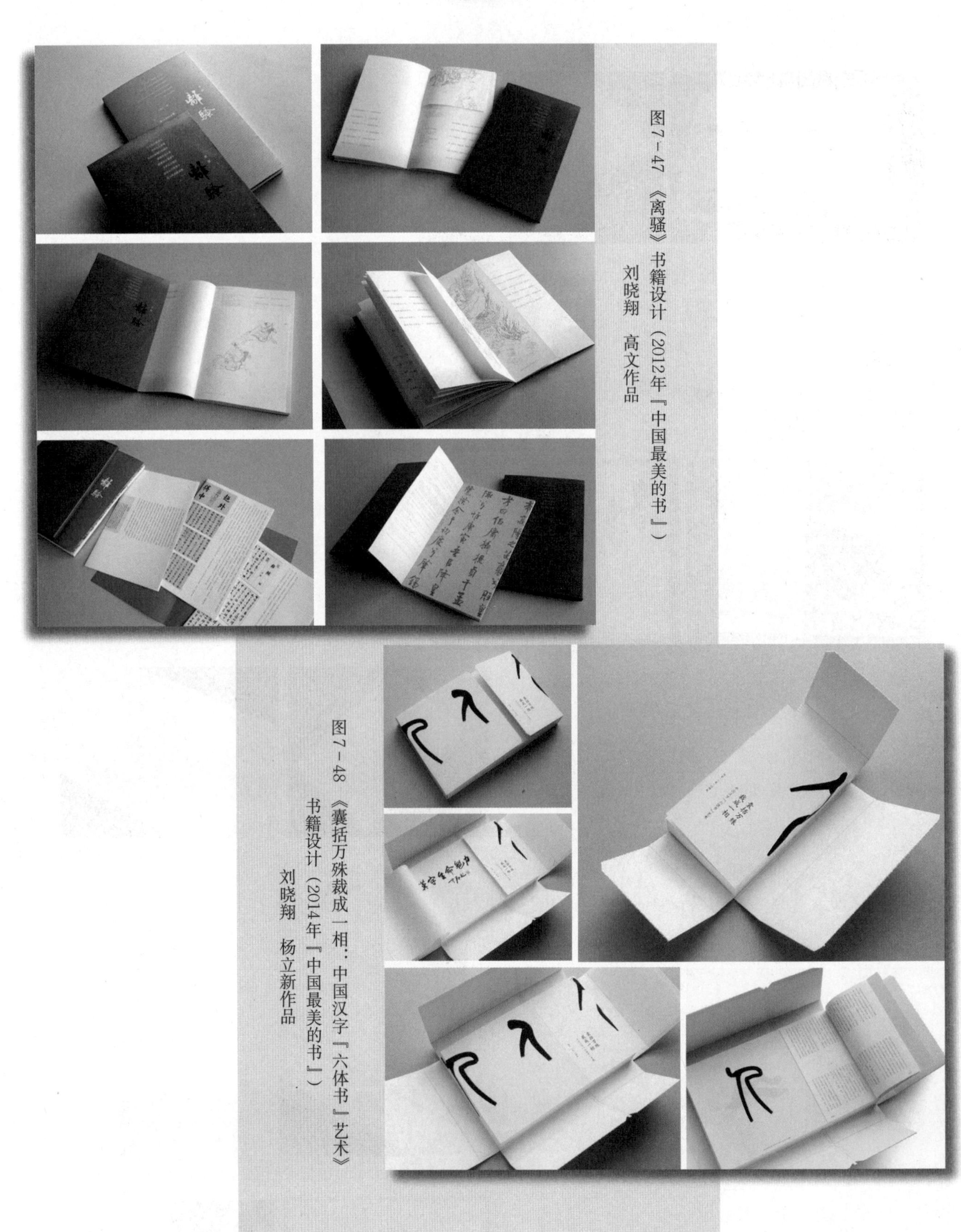

图7－47 《离骚》书籍设计（2012年『中国最美的书』）
刘晓翔 高文作品

图7－48 《囊括万殊裁成一相：中国汉字『六体书』艺术》书籍设计（2014年『中国最美的书』）
刘晓翔 杨立新作品

本章思考与练习

谈谈对自己影响较大的“最美的书”获奖作品以及对自己影响深刻的设计师。

参考文献

［1］ 吕敬人. 书艺问道［M］. 北京：中国青年出版社，2006.

［2］ 吕敬人. 吕敬人书籍设计［M］. 武汉：湖北美术出版社，2012.

［3］ 王绍强. 书形［M］. 北京：中国青年出版社，2012.

［4］ 肖勇，肖静. 书籍装帧设计［M］. 沈阳：辽宁美术出版社，2014.

［5］ 任雪玲. 书籍装帧设计［M］. 北京：中国纺织出版社，2010.

［6］ 姜靓. 书籍装帧设计［M］. 北京：中国轻工业出版社，2015.

［7］ 李斌，吴晓慧. 书籍装帧设计［M］. 北京：清华大学出版社，2011.

［8］ 熊燕飞，邓海莲. 书籍设计［M］. 南宁：广西美术出版社，2014.

［9］ 胡巍，张洪梅. 书籍设计［M］. 南京：南京大学出版社，2013.

［10］ 马克·汉普希尔，基斯·斯蒂芬森. 纸品与平面设计［M］. 北京：中国青年出版社，2009.

［11］ 许楠，魏坤. 版式设计［M］. 北京：中国青年出版社，2009.

［12］ 波隆那插画展组委会. 波隆那插画年鉴（第一、第二辑）［M］. 北京：中国青年出版社，2003.

［13］ 北京迪赛纳有限公司. 书妆：书籍装帧设计［M］. 武汉：华中科技大学出版社，2015.

［14］ 上海市新闻出版局“中国最美的书”评委会. 2010—2012中国最美的书［M］. 上海：上海人民美术出版社，2013.

［15］ 上海市新闻出版局“中国最美的书”评委会. 2013—2015中国最美的书［M］. 上海：上海人民美术出版社，2016.